조리능력 향상의 길잡이

한식조리
찜·선

한혜영·김업식·박선옥·신은채 공저

(주)백산출판사

머리말

과학기술의 발달은 사회 변동을 촉진하고 그 결과 사회는 점점 빠르게 변화되고 있다.

사회가 발달하고 경제상황이 좋아짐에 따라 식생활문화는 풍요로워졌고, 음식문화에 대한 인식변화를 가져오게 되었다.

음식은 단순한 영양섭취 목적보다는 건강을 지키고 오감을 만족시켜 행복지수를 높이며, 음식커뮤니케이션의 기능과 함께 오락기능을 더하고 있다.

이에 전문 조리사는 다양한 직업으로 분업화 · 세분화되어 활동하게 되는데, 그 인기도는 조리 전문 방송 프로그램이 많아진 것을 보면 쉽게 알 수 있다.

현재 우리나라는 국가직무능력표준(NCS: national competency standards)을 개발하여 산업현장에서 직무를 수행하기 위해 요구되는 지식, 기술을 국가적 차원에서 표준화하고 있다.

이 책은 조리의 기초적인 부분부터 조리사가 알아야 하는 전반적인 내용을 담고 있어 산업현장에 적합한 인적자원 양성에 도움이 되는 전문서가 될 것으로 생각하며, 조리능력 향상에 길잡이가 될 것으로 믿는다.

왜냐하면 특급호텔인 롯데와 인터컨티넨탈에서 15년간의 현장 경험과 15년의 교육 경력을 바탕으로 정확한 레시피와 자세한 설명을 곁들여 정리하였기 때문이다.

조리학문 발전을 위해 노력하신 많은 선배님들께 감사드리며, 늘 배려를 아끼지 않으시는 백산출판사 사장님 이하 직원분들께 머리 숙여 깊은 감사를 드린다.

조리인이여~

넓은 세상을 보고 많은 꿈을 꾸며, 희망을 가지고 남다른 노력을 한다면, 소망과 꿈은 이루어지리라.

대표저자 **한혜영**

CONTENTS

NCS – 학습모듈의 위치

대분류	음식서비스		
중분류	식음료조리·서비스		
소분류		음식조리	

세분류	능력단위	학습모듈명
한식조리	한식 위생관리	한식 위생관리
양식조리	한식 안전관리	한식 안전관리
중식조리	한식 메뉴관리	한식 메뉴관리
일식·복어조리	한식 구매관리	한식 구매관리
	한식 재료관리	한식 재료관리
	한식 기초 조리실무	한식 기초 조리실무
	한식 밥 조리	한식 밥 조리
	한식 죽 조리	한식 죽 조리
	한식 면류 조리	한식 면류 조리
	한식 국·탕 조리	한식 국·탕 조리
	한식 찌개 조리	한식 찌개 조리
	한식 전골 조리	한식 전골 조리
	한식 찜·선 조리	**한식 찜·선 조리**
	한식 조림·초 조리	한식 조림·초 조리
	한식 볶음 조리	한식 볶음 조리
	한식 전·적 조리	한식 전·적 조리
	한식 튀김 조리	한식 튀김 조리
	한식 구이 조리	한식 구이 조리
	한식 생채·회 조리	한식 생채·회 조리
	한식 숙채 조리	한식 숙채 조리
	김치 조리	김치 조리
	음청류 조리	음청류 조리
	한과 조리	한과 조리
	장아찌 조리	장아찌 조리

한식 찜 · 선 조리 학습모듈의 개요

| 학습모듈의 목표

육류, 생선류, 가금류, 채소류 등에 갖은 양념을 하여 무르게 익혀 조림을 하거나 쪄서 형태를 유지하게 조리할 수 있다.

| 선수학습

한식조리실무, 한국전통음식의 역사, 한국전통음식의 종류

| 학습모듈의 내용체계

학습	학습내용	NCS 능력단위요소	
		코드번호	요소명칭
1. 찜·선 재료 준비하기	1-1. 찜·선 재료 준비 및 계량	1301010106_16v.3.1	찜·선 재료 준비하기
	1-2. 찜·선 양념장 제조		
2. 찜·선 조리하기	2-1. 찜·선 조리	1301010106_16v.3.2	찜·선 조리하기
3. 찜·선 담기	3-1. 찜·선 그릇 선택	1301010106_16v.3.3	
	3-2. 찜·선 제공		찜·선 담기

| 핵심 용어

찜, 선, 양념장, 고명, 전처리

분류번호	1301010106_16v3
능력단위 명칭	한식 찜·선 조리
능력단위 정의	한식 찜·선 조리란 육류, 생선류, 가금류, 채소류 등에 양념을 하여 국물을 붓고 무르게 끓이거나 쪄서 형태를 유지하게 조리하는 능력이다.

능력단위요소	수행준거
1301010106_16v3.1 찜·선 재료 준비하기	1.1 찜·선의 조리종류에 따라 도구와 재료를 준비할 수 있다. 1.2 조리에 사용하는 재료를 필요량에 맞게 계량할 수 있다. 1.3 재료에 따라 요구되는 전처리를 수행할 수 있다. 1.4 찜, 선의 조리법에 따라 크기와 용도를 고려하여 재료를 썰 수 있다. 1.5 양념장 재료를 비율대로 혼합, 조절하여 용도에 맞게 활용할 수 있다.
	【지식】 • 도구의 종류 및 용도 • 재료의 전처리 • 재료의 특성 • 찜·선의 조리원리 • 재료 선별법 • 양념장의 혼합 비율 • 양념 재료의 성분과 특성
	【기술】 • 재료 보관능력 • 재료 신선도 선별능력 • 재료 전처리 능력 • 종류와 특성에 맞게 써는 기술 • 양념장 숙성 능력 • 양념장의 혼합 비율 조절능력
	【태도】 • 바른 작업 태도 • 반복훈련태도 • 안전사항 준수태도 • 위생관리태도 • 재료준비 점검태도

1301010106_16v3.2 찜·선 조리하기	2.1 조리법에 따라 재료를 양념하여 재워둘 수 있다. 2.2 조리법에 따라 재료에 양념장과 물을 넣고 끓여 만들 수 있다. 2.3 조리법에 따라 재료에 양념을 하여 찜통에 쪄서 만들 수 있다. 2.4 조리법에 따라 재료를 볶아 만들 수 있다. 2.5 찜·선 종류와 재료에 따라 가열시간과 화력을 조절하여 재료 고유의 색, 형태를 유지할 　　수 있다. 2.6 찜·선에 어울리는 고명을 만들 수 있다.
	【지식】 • 고명의 종류 • 양념의 비율 • 조리 가열시간 준수 • 재료의 특성 • 찜, 선의 형태유지 • 조리과정 중의 물리화학적 변화에 관한 조리과학적 지식
	【기술】 • 부재료, 양념장의 첨가능력 • 육류 찜의 연육 조절 기술 • 재료 고유의 색과 형태 유지능력 • 조리종류에 따른 국물 양 조절능력 • 찜·선의 조리기술 • 찜·선 재료의 선별능력 • 화력조절능력
	【태도】 • 바른 작업 태도 • 조리과정을 관찰하는 태도 • 실험조리를 수행하는 과학적 태도 • 세밀한 관찰태도 • 안전관리준수태도 • 위생관리태도
1301010106_16v3.3 찜·선 담기	3.1 조리종류와 색, 형태, 인원수, 분량 등을 고려하여 그릇을 선택할 수 있다. 3.2 찜, 선의 종류에 따라 국물을 자작하게 담아낼 수 있다. 3.3 찜, 선의 종류에 따라 고명을 올릴 수 있다. 3.4 찜, 선의 종류에 따라 겨자장, 초간장 등을 곁들일 수 있다.
	【지식】 • 조리의 종류에 따른 그릇 선택 • 조리종류의 국물 비율

1301010106_16v3.3 찜·선 담기	【기술】 • 고명을 장식하는 능력 • 그릇과 조화를 고려하여 담는 능력 • 조리에 맞는 그릇 선택능력 • 겨자장, 단촛물 등을 활용하여 맛을 내는 능력
	【태도】 • 관찰태도 • 바른 작업 태도 • 반복훈련태도 • 안전관리태도 • 위생관리태도

적용범위 및 작업상황

고려사항

- 찜·선 조리 준비 능력단위는 다음 범위가 포함된다.
  - 찜류 : 돼지갈비찜, 갈비찜, 닭찜, 우설찜, 궁중닭찜, 떡찜, 사태찜, 개성무찜, 북어찜, 도미찜, 대하찜, 달걀찜, 생선찜
  - 선류 : 호박선, 오이선, 가지선, 어선, 두부선, 무선, 배추선
  - 찜은 생선, 가금류, 육류 등에 갖은 양념과 부재료를 넣어 국물을 붓고 푹 끓이거나 찜통에 찌는 요리를 말한다.
- 돼지갈비찜, 갈비찜, 닭찜 등 육류를 이용한 찜은 고기를 손질하여 핏물을 빼고 끓는 물에 살짝 데치거나 기름에 볶아 육류의 지방과 누린내를 제거하고 조리한다.
- 선은 호박, 오이, 가지, 두부, 배추 등 식물성 식품에 칼집을 내어 소금에 절인 후 헹구어 소를 넣는다.
- 찜·선의 종류에 따라 겨자장이나 초간장을 곁들인다.
- 찜·선의 전처리란 조리재료와 방법에 따라 다듬기, 씻기, 밑간하기, 데치기, 핏물제거, 썰기 등을 말한다.

자료 및 관련 서류

- 한식조리 전문서적
- 조리원리 전문서적, 관련 자료
- 식품재료 관련 전문서적
- 식품재료의 원가, 구매, 저장 관련서적
- 안전관리수칙 서적
- 매뉴얼에 의한 조리과정, 조리결과 체크리스트
- 식자재 구매 명세서

- 조리도구 관련서적
- 식품영양 관련서적
- 식품가공 관련서적
- 식품위생법규 전문서적
- 원산지 확인서
- 조리도구 관리 체크리스트

장비 및 도구

- 냄비, 찜통, 그릇, 프라이팬 등
- 조리용 칼, 도마, 믹서, 계량저울, 계량컵, 계량스푼, 조리용 젓가락, 온도계, 체, 조리용 집게, 타이머 등
- 가스레인지, 전기레인지 또는 가열도구
- 조리복, 조리모, 앞치마, 조리안전화, 행주, 분리수거용 봉투 등

재료

- 육류, 가금류, 어패류, 달걀류, 채소류, 버섯류, 두부 등
- 장류, 양념류 등

평가지침

평가방법

- 평가자는 능력단위 한식 찜 · 선 조리의 수행준거에 제시되어 있는 내용을 평가하기 위해 이론과 실기를 나누어 평가하거나 종합적인 결과물의 평가 등 다양한 평가 방법을 사용할 수 있다.
- 피평가자의 과정평가 및 결과평가 방법

평가방법	평가유형	
	과정평가	결과평가
A. 포트폴리오	V	V
B. 문제해결 시나리오		
C. 서술형시험	V	V
D. 논술형시험		
E. 사례연구		
F. 평가자 질문	V	V
G. 평가자 체크리스트	V	V
H. 피평가자 체크리스트		
I. 일지/저널		
J. 역할연기		
K. 구두발표		
L. 작업장평가	V	V
M. 기타		

평가 시 고려사항

• 수행준거에 제시되어 있는 내용을 성공적으로 수행할 수 있는지를 평가해야 한다.

• 평가자는 다음 사항을 평가해야 한다.

  – 조리복, 조리모 착용 및 개인 위생 준수능력

  – 위생적인 조리과정

  – 재료준비 과정

  – 식재료 손질 및 조리순서 과정

  – 양념 준비과정

  – 화력조절 능력

  – 국물을 조리종류에 맞게 우려내는 능력

  – 양념장의 활용능력

  – 조리과정 시 위생적인 처리

  – 조리의 숙련도

  – 찜, 선 조리의 완성도

  – 조리도구의 사용 전, 후 세척

  – 조리 후 정리정돈 능력

직업기초능력

순번	직업기초능력	
	주요영역	하위영역
1	의사소통능력	경청 능력, 기초외국어 능력, 문서이해 능력, 문서작성 능력, 의사표현 능력
2	문제해결능력	문제처리 능력, 사고력
3	자기개발능력	경력개발 능력, 자기관리 능력, 자아인식 능력
4	정보능력	정보처리 능력, 컴퓨터활용 능력
5	기술능력	기술선택 능력, 기술이해 능력, 기술적용 능력
6	직업윤리	공동체윤리, 근로윤리

개발·개선 이력

구분		내용
직무명칭(능력단위명)		한식조리(한식 찜 · 선 조리)
분류번호	기존	1301010106_14v2
	현재	1301010106_16v3
개발·개선연도	현재	2016
	최초(1차)	2014
버전번호		v3
개발·개선기관	현재	(사)한국조리기능장협회
	최초(1차)	
향후 보완 연도(예정)		–

한식조리 찜 · 선

이론
&
실기

한식조리
찜·선 이론

◆ 찜

　인류가 불을 이용할 수 있게 됨으로써 요리의 역사가 시작되었는데 최초의 요리는 짐승고기를 직접 불꽃에 쬐어 굽는 고기구이였다. 그러나 직화에 쬐어 굽는 요리법은 화력이 불안정하고 눋거나 타기가 쉬워서 다음으로 굽돌을 이용한 요리법이 개발되었다. 달구어진 돌은 불이 꺼진 뒤에도 돌에 축적된 열을 이용할 수 있었다. 구덩이를 파고 그 속에 굽돌을 채운 다음 토란, 바나나 등을 얹거나 또는 생선, 고기, 채소 등을 조미하여 토란잎에 싸서 굽돌 위에 얹어 물을 뿌린 다음 재빨리 구덩이 위를 바나나잎으로 덮고 다시 흙으로 덮어 열의 발산을 막았다. 즉 오븐에 굽는 법과 수증기에 의한 찜요리의 중간형 요리로 이를 earth oven이라고 하였다.

　신석기시대부터 토기가 출현하자 굽돌을 이용하는 요리법이 사라지고 물에 삶는 법이 출현하였으며 토기는 금속냄비로 발전하게 되었다. 삶는 요리법이 발명된 후 새로이 성립된 요리는 수증기찜과 오븐구이이다. 입식지대인 동남아시아의 일부에서는 수증기찜이 발달하였고 부식지대인 서아시아 및 유럽에서는 빵을 굽기 위한 oven이 발달하였다. '찜' 하면 우선 수증기찜을 생각하게 된다. 그러나 우리나라의 찜요리에는 수증기찜이 거의 없다.

　이성우 교수는《한국요리문화사》에서 국〉지짐이〉찌개〉초〉찜〉조림의 순으로 국물 함량의 관계를 기록하고 우리나라의 찜은 시루형 수증기찜, 압력솥형 수증기찜, 밥솥찜(알찜), 삶기찜, 중탕형 삶기찜, 증류형 삶기찜, 습지 삶기찜, 중탕형 건열찜, 증류형 건열찜, 냄비형 건열찜, 숯불구덩이형 건열찜, 잿속 묻기형 건열찜 등이 있다고 하였다.

　찜에는 도미로 요리한 돔찜, 큰 게로 요리한 바닷게찜, 소라찜, 전복찜, 미더덕찜, 백합찜, 미나리찜,

오이찜, 가지찜, 갈비찜, 개성무찜, 개장찜, 게찜, 고사리찜, 꽃게찜, 닭찜, 대하찜, 돼지가리찜, 메추리찜, 배추꼬리찜, 북어찜, 붕어찜, 사태찜, 상어찜, 생전복찜, 송아지찜, 송이찜, 소창자찜, 아저찜, 애저찜, 연계찜, 영계찜, 우렁찜, 우설찜, 전복찜, 종갈비찜, 죽순찜 등이 있다.

◈ 선(膳)

선이란 특별한 조리의 의미는 없고 좋은 음식을 나타내는 말이다.

황혜성 교수는 "찜과 같은 방법으로 하되 호박, 오이, 가지, 배추, 두부와 같이 그 재료를 식물성 식품으로 할 경우 선"이라고 했다.

조자호의 《조선요리법》에서는 청어선, 양선, 태극선, 오이선, 호박선 등을 들고 있으며, 《조선무쌍신식요리제법》에서는 양선, 황과선, 달걀선(알편), 두부선을 들고 있다.

그렇다면 식물성 식품만이 선의 재료가 될 수는 없다.

《시의전서》의 남고선(호박)은 "애호박의 등쪽을 에어서 푹 찌고 여기에 여러 양념을 소로 넣고 그릇에 담아 위에 초장에 백청을 타서 붓고 고추, 석이, 달걀을 채쳐 얹고 잣가루를 많이 뿌려 쓴다"고 하였다.

오이선, 가지선도 비슷하다. 고추선은 "고추를 살짝 삶아내고 속에 정육, 양념의 소를 넣고 밀가루를 약간 묻혀 달걀을 씌워 부쳐서 초장에 찍어 먹는다"고 하였으니 여기서 비로소 현재의 선처럼 소를 넣게 되었다.

한편 《조선무쌍신식요리제법》의 양선, 황과선, 달걀선, 두부선은 소를 넣는 것이 아니다.

양선은 양을 익혀 잣가루를 묻혀 초장에 먹는 것이고, 황과선은 오이를 초를 넣은 물에 삶아낸 것이고, 달걀선은 달걀 갠 것과 고기양념을 켜켜로 놓고 중탕하여 썰어낸 것이며, 두부선은 두부에다 여러 양념을 섞어 수증이로 쪄낸 것이다.

선의 개념을 잡기가 어렵다.

선의 종류는 오이선, 호박선, 가지선, 동아선, 어선, 두부선, 배추선, 태극선, 무선, 고추선, 양선법, 마늘선, 채란, 청어선, 겨자선, 달걀선, 배선 등이 있다.

참고문헌

- 3대가 쓴 한국의 전통음식(황혜선 외, 교문사, 2010)

- 두산백과

- 우리가 정말 알아야 할 우리 음식 백가지 1(한복진 외, 현암사 1998)

- 천년한식견문록(정혜경, 생각의나무, 2009)

- 한국민족문화대백과사전(한국학중앙연구원, 1991)

- 한국요리문화사(이성우, 교문사, 1985)

- 한국의 음식문화(이효지, 신광출판사, 1998)

Memo

떡찜

재료

- 흰떡 400g · 사태 200g
- 양 200g · 물 10컵
- 무 100g · 당근 50g
- 다진 소고기 50g
- 불린 표고버섯 3장
- 붉은 고추 1/2개
- 은행 5알 · 잣 1작은술
- 달걀 1개 · 식용유 1큰술
- 소금 1/8작은술

고기양념
- 다진 대파 1작은술
- 다진 마늘 1/2작은술
- 장 1/2큰술 · 설탕 1작은술
- 참기름 1/2작은술
- 깨소금 1/2작은술
- 후춧가루 약간

찜양념
- 다진 대파 2큰술
- 다진 마늘 1큰술
- 간장 4큰술 · 설탕 2큰술
- 참기름 2큰술 · 깨소금

만드는 법

재료 확인하기
1 흰떡, 사태, 양, 무, 당근, 소고기, 붉은 고추, 표고버섯 등 확인하기

사용할 도구 선택하기
2 냄비, 프라이팬, 나무젓가락 등을 선택하여 준비한다.

재료 계량하기
3 각각의 재료 분량을 컵과 계량스푼, 저울로 계량하기

재료 준비하기
4 가래떡은 5cm 길이로 썰어 1cm씩 가장자리를 남기고 칼집을 넣는다.
5 사태는 찬물에 담근다.
6 무, 당근, 표고버섯, 붉은 고추는 밤톨 크기로 썬다.
7 다진 소고기는 핏물을 제거한다.
8 잣은 고깔을 떼고 면포로 닦는다.

조리하기
9 양은 80~90℃의 물에 담갔다 바로 건져 검은 막을 칼로 긁어낸 뒤 무르게 푹 삶는다.
10 사태는 냄비에 물 6컵을 붓고 끓여 부드럽게 삶아서 큼직하게 썬다.
11 은행은 식용유를 두른 팬에 소금 간을 하여 볶아 껍질을 벗긴다.
12 달걀은 황·백지단을 부쳐 마름모로 썬다.
13 다진 소고기는 고기양념으로 버무린다. 가래떡 칼집에 양념한 고기를 채워 놓는다.
14 가래떡, 삶아 놓은 사태, 양, 채소를 넣고 육수를 부어 찜양념을 넣어 조린다.

담아 완성하기
15 떡찜 담을 그릇을 선택한다.
16 떡찜을 따뜻하게 담고, 은행, 잣, 지단을 고명으로 올린다.

평가자 체크리스트

학습내용	평가 항목	성취수준		
		상	중	하
찜, 선 재료 준비 및 계량	찜, 선의 종류에 따른 도구를 선택하는 능력			
	재료에 따른 계량 능력			
	찜, 선에 적합한 재료 전처리 능력			
찜, 선 양념장 제조	양념의 특성에 맞는 썰기 능력			
	비율을 고려하여 양념장을 만드는 능력			
찜, 선 조리	메뉴에 따라 물과 양념장의 양을 조절하는 능력			
	양념을 하여 재워 두는 능력			
	메뉴에 따라 가열시간을 조절하는 능력			
	찜과 선에 어울리는 고명을 만드는 능력			
찜, 선 그릇 선택	메뉴에 따라 그릇을 선택할 수 있다.			
찜, 선 제공	찜, 선에 따라 국물을 조절하여 담아내는 능력			
	고명을 음식과 조화롭게 올리는 능력			
	겨자장, 초간장 등을 곁들이는 능력.			

서술형 시험

학습내용	평가 항목	성취수준		
		상	중	하
찜, 선 재료 준비 및 계량	찜, 선의 종류에 따른 도구를 선택하는 방법			
	재료에 따른 계량 방법			
	찜, 선에 적합한 재료 전처리 방법			
찜, 선 양념장 제조	양념의 특성에 맞는 썰기 방법			
	비율을 고려하여 양념장을 만드는 방법			
찜, 선 조리	조리법에 따라 재료를 양념하여 재워 두는 이유와 방법			
	찜과 선을 만들기 위해 재료를 조리하는 방법			
	고유의 색과 형태를 유지하는 불조절 방법			
	고명을 사용하는 목적과 고명을 선택하는 방법			
찜, 선 그릇 선택	찜, 선의 그릇을 고르는 방법			
찜, 선 제공	국물의 양을 결정하는 방법			
	찜과 선에 어울리는 고명을 준비하는 방법			
	겨자장과 초간장을 만드는 방법			

▍작업장 평가

학습내용	평가 항목	성취수준		
		상	중	하
찜, 선 재료 준비 및 계량	찜, 선의 종류에 따른 도구를 준비하는 능력			
	재료에 따른 계량 능력			
	찜, 선에 적합한 재료 전처리 능력			
찜, 선 양념장 제조	양념의 특성에 맞게 썰어 준비하는 능력			
	양념장을 만드는 능력			
찜, 선 조리	메뉴에 따라 물과 양념장의 양을 조절하는 능력			
	양념을 하여 재워 두는 능력			
	메뉴에 따라 불의 세기를 조절하는 능력			
	찜과 선의 고명을 만들고 익힘 정도를 조절하는 능력			
찜, 선 그릇 선택	계절을 고려하여 그릇을 선택하는 능력			
찜, 선 제공	국물을 고려하는 담는 능력			
	메뉴에 따른 주재료와 부재료를 조화롭게 담는 방법			
	겨자장, 초고추장을 곁들여 담는 능력			

▍학습자 완성품 사진

우설찜

재료

- 소 우설 300g
- 양파 100g
- 당근 50g
- 깐 밤 30g
- 은행 5알
- 달걀 1개
- 불린 표고버섯 2개

육수

- 소고기 양지머리 100g
- 대파 50g
- 마늘 3톨
- 생강 3g
- 양파 50g
- 물 4컵

찜양념

- 간장 4큰술
- 설탕 3큰술
- 다진 대파 2큰술
- 다진 마늘 1큰술
- 생강즙 1작은술
- 참기름 2작은술
- 깨소금 2작은술
- 마른 고추 2개
- 통후추 5알

만드는 법

재료 확인하기
1 우설, 양파, 당근, 밤, 은행, 달걀, 표고버섯, 소고기 양지머리, 대파, 마늘 등 확인하기

사용할 도구 선택하기
2 냄비, 프라이팬, 나무젓가락 등을 선택하여 준비한다.

재료 계량하기
3 각각의 재료 분량을 컵과 계량스푼, 저울로 계량하기

재료 준비하기
4 우설, 양지머리는 찬물에 담근다.
5 양파는 폭 1cm 크기로 썬다.
6 당근은 밤톨크기로 썰어 모서리를 다듬는다.
7 표고버섯은 은행잎으로 썬다.

양념장 만들기
8 분량의 재료를 섞어 찜양념을 만든다.

조리하기
9 우설, 양지머리는 각각 부드럽게 삶고 양지머리 육수는 체에 받쳐 놓는다.
10 우설은 건져 뜨거울 때 표피를 벗겨서 한입 크기로 썰고, 양지머리도 우설과 같은 크기로 썰어 놓는다.
11 끓는 물에 당근, 밤을 데친다.
12 은행은 기름을 두르고 소금 간을 하여 볶아 속껍질을 벗긴다.
13 달걀은 황·백으로 지단을 부친 다음 마름모꼴로 썬다.
14 육수에 삶은 우설, 양지머리, 밤, 당근을 넣고 양념장의 1/2을 넣고 조린다. 국물이 1/2 정도로 졸아들면 나머지 양념과 표고버섯, 양파, 은행을 넣어 조린다.

담아 완성하기
15 우설찜 담을 그릇을 선택한다.
16 우설찜을 국물과 함께 따뜻하게 담고 지단을 고명으로 올린다.

학습 평가

| 평가자 체크리스트

학습내용	평가 항목	성취수준		
		상	중	하
찜, 선 재료 준비 및 계량	찜, 선의 종류에 따른 도구를 선택하는 능력			
	재료에 따른 계량 능력			
	찜, 선에 적합한 재료 전처리 능력			
찜, 선 양념장 제조	양념의 특성에 맞는 썰기 능력			
	비율을 고려하여 양념장을 만드는 능력			
찜, 선 조리	메뉴에 따라 물과 양념장의 양을 조절하는 능력			
	양념을 하여 재워 두는 능력			
	메뉴에 따라 가열시간을 조절하는 능력			
	찜과 선에 어울리는 고명을 만드는 능력			
찜, 선 그릇 선택	메뉴에 따라 그릇을 선택할 수 있다.			
찜, 선 제공	찜, 선에 따라 국물을 조절하여 담아내는 능력			
	고명을 음식과 조화롭게 올리는 능력			
	겨자장, 초간장 등을 곁들이는 능력.			

| 서술형 시험

학습내용	평가 항목	성취수준		
		상	중	하
찜, 선 재료 준비 및 계량	찜, 선의 종류에 따른 도구를 선택하는 방법			
	재료에 따른 계량 방법			
	찜, 선에 적합한 재료 전처리 방법			
찜, 선 양념장 제조	양념의 특성에 맞는 썰기 방법			
	비율을 고려하여 양념장을 만드는 방법			
찜, 선 조리	조리법에 따라 재료를 양념하여 재워 두는 이유와 방법			
	찜과 선을 만들기 위해 재료를 조리하는 방법			
	고유의 색과 형태를 유지하는 불조절 방법			
	고명을 사용하는 목적과 고명을 선택하는 방법			
찜, 선 그릇 선택	찜, 선의 그릇을 고르는 방법			
찜, 선 제공	국물의 양을 결정하는 방법			
	찜과 선에 어울리는 고명을 준비하는 방법			
	겨자장과 초간장을 만드는 방법			

작업장 평가

학습내용	평가 항목	성취수준		
		상	중	하
찜, 선 재료 준비 및 계량	찜, 선의 종류에 따른 도구를 준비하는 능력			
	재료에 따른 계량 능력			
	찜, 선에 적합한 재료 전처리 능력			
찜, 선 양념장 제조	양념의 특성에 맞게 썰어 준비하는 능력			
	양념장을 만드는 능력			
찜, 선 조리	메뉴에 따라 물과 양념장의 양을 조절하는 능력			
	양념을 하여 재워 두는 능력			
	메뉴에 따라 불의 세기를 조절하는 능력			
	찜과 선의 고명을 만들고 익힘 정도를 조절하는 능력			
찜, 선 그릇 선택	계절을 고려하여 그릇을 선택하는 능력			
찜, 선 제공	국물을 고려하는 담는 능력			
	메뉴에 따른 주재료와 부재료를 조화롭게 담는 방법			
	겨자장, 초고추장을 곁들여 담는 능력			

학습자 완성품 사진

사태찜

재료

- 소고기 사태 400g
- 물 2½컵
- 무 500g
- 당근 50g
- 마른 표고버섯 2장
- 깐 밤 3개
- 대추 2개
- 은행 3알
- 잣 1/4작은술
- 소금 1/8작은술
- 식용유 1작은술

소금물
- 물 1컵
- 소금 1/2작은술

찜양념
- 간장 2큰술
- 설탕 1½큰술
- 배즙 2큰술
- 양파즙 2큰술
- 다진 대파 1큰술
- 다진 마늘 1/2큰술
- 참기름 1/2큰술
- 참깨 1/2작은술
- 후춧가루 약간

만드는 법

재료 확인하기
1 소고기 사태, 무, 당근, 표고버섯, 밤, 대추, 은행, 잣 등 확인하기

사용할 도구 선택하기
2 냄비, 프라이팬, 나무젓가락 등을 선택하여 준비한다.

재료 계량하기
3 각각의 재료 분량을 컵과 계량스푼, 저울로 계량하기

재료 준비하기
4 소고기 사태는 3cm×3cm 크기로 준비하여 칼집을 넣고 찬물에 담가 핏물을 뺀다.
5 무, 당근은 3cm×3cm 크기로 썰어 밤모양으로 모서리를 다듬는다.
6 마른 표고버섯은 물에 불려 기둥을 떼고 4등분으로 썬다.
7 대추는 돌려깎아 씨를 뺀다.
8 잣은 고깔을 떼고 면포에 닦는다.

조리하기
9 냄비에 물 5컵과 사태를 넣고 30분 정도 삶는다. 기름기는 걷어내며 끓인다.
10 끓는 소금물에 무, 당근을 삶아둔다.
11 은행은 식용유를 두른 팬에 소금 간을 하여 볶아 껍질을 벗긴다.
12 사태 삶은 것에 찜양념을 버무리고 사태 삶은 육수를 2컵 넣고 중불에서 서서히 끓인다. 사태가 무르게 익으면 무, 당근, 표고, 밤, 대추를 넣어 끓인다.

담아 완성하기
13 사태찜 담을 그릇을 선택한다.
14 사태찜을 국물과 함께 따뜻하게 담고, 은행, 잣을 고명으로 올린다.

평가자 체크리스트

학습내용	평가 항목	성취수준		
		상	중	하
찜, 선 재료 준비 및 계량	찜, 선의 종류에 따른 도구를 선택하는 능력			
	재료에 따른 계량 능력			
	찜, 선에 적합한 재료 전처리 능력			
찜, 선 양념장 제조	양념의 특성에 맞는 썰기 능력			
	비율을 고려하여 양념장을 만드는 능력			
찜, 선 조리	메뉴에 따라 물과 양념장의 양을 조절하는 능력			
	양념을 하여 재워 두는 능력			
	메뉴에 따라 가열시간을 조절하는 능력			
	찜과 선에 어울리는 고명을 만드는 능력			
찜, 선 그릇 선택	메뉴에 따라 그릇을 선택할 수 있다.			
찜, 선 제공	찜, 선에 따라 국물을 조절하여 담아내는 능력			
	고명을 음식과 조화롭게 올리는 능력			
	겨자장, 초간장 등을 곁들이는 능력.			

서술형 시험

학습내용	평가 항목	성취수준		
		상	중	하
찜, 선 재료 준비 및 계량	찜, 선의 종류에 따른 도구를 선택하는 방법			
	재료에 따른 계량 방법			
	찜, 선에 적합한 재료 전처리 방법			
찜, 선 양념장 제조	양념의 특성에 맞는 썰기 방법			
	비율을 고려하여 양념장을 만드는 방법			
찜, 선 조리	조리법에 따라 재료를 양념하여 재워 두는 이유와 방법			
	찜과 선을 만들기 위해 재료를 조리하는 방법			
	고유의 색과 형태를 유지하는 불조절 방법			
	고명을 사용하는 목적과 고명을 선택하는 방법			
찜, 선 그릇 선택	찜, 선의 그릇을 고르는 방법			
찜, 선 제공	국물의 양을 결정하는 방법			
	찜과 선에 어울리는 고명을 준비하는 방법			
	겨자장과 초간장을 만드는 방법			

작업장 평가

학습내용	평가 항목	성취수준		
		상	중	하
찜, 선 재료 준비 및 계량	찜, 선의 종류에 따른 도구를 준비하는 능력			
	재료에 따른 계량 능력			
	찜, 선에 적합한 재료 전처리 능력			
찜, 선 양념장 제조	양념의 특성에 맞게 썰어 준비하는 능력			
	양념장을 만드는 능력			
찜, 선 조리	메뉴에 따라 물과 양념장의 양을 조절하는 능력			
	양념을 하여 재워 두는 능력			
	메뉴에 따라 불의 세기를 조절하는 능력			
	찜과 선의 고명을 만들고 익힘 정도를 조절하는 능력			
찜, 선 그릇 선택	계절을 고려하여 그릇을 선택하는 능력			
찜, 선 제공	국물을 고려하는 담는 능력			
	메뉴에 따른 주재료와 부재료를 조화롭게 담는 방법			
	겨자장, 초고추장을 곁들여 담는 능력			

학습자 완성품 사진

소갈비찜

재료

- 소갈비 800g
- 물 5컵
- 무 100g
- 당근 80g
- 마른 표고버섯 3장
- 깐 밤 5개
- 대추 3개

소금물
- 물 1컵
- 소금 1/2작은술

찜양념
- 간장 4큰술
- 설탕 2큰술
- 배즙 4큰술
- 다진 대파 1큰술
- 다진 마늘 1/2큰술
- 참기름 1큰술
- 참깨 1작은술
- 후춧가루 약간

만드는 법

재료 확인하기
1 소갈비, 무, 당근, 표고버섯, 밤, 대추 등 확인하기

사용할 도구 선택하기
2 냄비, 프라이팬, 나무젓가락 등을 선택하여 준비한다.

재료 계량하기
3 각각의 재료 분량을 컵과 계량스푼, 저울로 계량하기

재료 준비하기
4 소갈비는 5cm 크기로 준비하여 칼집을 넣고 찬물에 담가 핏물을 뺀다.
5 무, 당근은 3cm×3cm 크기로 썰어 밤모양으로 모서리를 다듬는다.
6 마른 표고버섯은 물에 불려 기둥을 떼고 4등분으로 썬다.
7 대추는 돌려깎아 씨를 뺀다.

양념장 만들기
8 분량의 재료를 섞어 찜양념을 만든다.

조리하기
9 끓는 소금물에 무, 당근을 삶아둔다.
10 냄비에 물 5컵과 소갈비를 넣고 40분 정도 삶는다. 기름기는 걷어내며 끓인다. 삶은 소갈비에 찜양념을 버무린다. 소갈비 삶은 육수를 2컵 넣고 중불에서 서서히 끓인다. 소갈비가 무르게 익으면 무, 당근, 표고, 밤, 대추를 넣어 끓인다.

담아 완성하기
11 소갈비찜 담을 그릇을 선택한다.
12 소갈비찜을 국물과 함께 따뜻하게 담는다.

평가자 체크리스트

학습내용	평가 항목	성취수준		
		상	중	하
찜, 선 재료 준비 및 계량	찜, 선의 종류에 따른 도구를 선택하는 능력			
	재료에 따른 계량 능력			
	찜, 선에 적합한 재료 전처리 능력			
찜, 선 양념장 제조	양념의 특성에 맞는 썰기 능력			
	비율을 고려하여 양념장을 만드는 능력			
찜, 선 조리	메뉴에 따라 물과 양념장의 양을 조절하는 능력			
	양념을 하여 재워 두는 능력			
	메뉴에 따라 가열시간을 조절하는 능력			
	찜과 선에 어울리는 고명을 만드는 능력			
찜, 선 그릇 선택	메뉴에 따라 그릇을 선택할 수 있다.			
찜, 선 제공	찜, 선에 따라 국물을 조절하여 담아내는 능력			
	고명을 음식과 조화롭게 올리는 능력			
	겨자장, 초간장 등을 곁들이는 능력.			

서술형 시험

학습내용	평가 항목	성취수준		
		상	중	하
찜, 선 재료 준비 및 계량	찜, 선의 종류에 따른 도구를 선택하는 방법			
	재료에 따른 계량 방법			
	찜, 선에 적합한 재료 전처리 방법			
찜, 선 양념장 제조	양념의 특성에 맞는 썰기 방법			
	비율을 고려하여 양념장을 만드는 방법			
찜, 선 조리	조리법에 따라 재료를 양념하여 재워 두는 이유와 방법			
	찜과 선을 만들기 위해 재료를 조리하는 방법			
	고유의 색과 형태를 유지하는 불조절 방법			
	고명을 사용하는 목적과 고명을 선택하는 방법			
찜, 선 그릇 선택	찜, 선의 그릇을 고르는 방법			
찜, 선 제공	국물의 양을 결정하는 방법			
	찜과 선에 어울리는 고명을 준비하는 방법			
	겨자장과 초간장을 만드는 방법			

작업장 평가

학습내용	평가 항목	성취수준		
		상	중	하
찜, 선 재료 준비 및 계량	찜, 선의 종류에 따른 도구를 준비하는 능력			
	재료에 따른 계량 능력			
	찜, 선에 적합한 재료 전처리 능력			
찜, 선 양념장 제조	양념의 특성에 맞게 썰어 준비하는 능력			
	양념장을 만드는 능력			
찜, 선 조리	메뉴에 따라 물과 양념장의 양을 조절하는 능력			
	양념을 하여 재워 두는 능력			
	메뉴에 따라 불의 세기를 조절하는 능력			
	찜과 선의 고명을 만들고 익힘 정도를 조절하는 능력			
찜, 선 그릇 선택	계절을 고려하여 그릇을 선택하는 능력			
찜, 선 제공	국물을 고려하는 담는 능력			
	메뉴에 따른 주재료와 부재료를 조화롭게 담는 방법			
	겨자장, 초고추장을 곁들여 담는 능력			

학습자 완성품 사진

등갈비찜

재료

- 등갈비 800g
- 콩나물(찜용) 500g
- 대파 50g · 풋고추 2개
- 붉은 고추 1개 · 부추 100g
- 참기름 2큰술 · 통깨 1작은술

삶는물

- 물 5컵 · 대파 30g
- 통마늘 6쪽 · 생강편 15g
- 양파 1/2개

찜양념

- 등갈비 삶은 물 2컵
- 마른 고추 3개 · 고추장 2큰술
- 고춧가루 5큰술 · 진간장 3큰술
- 설탕 1큰술 · 물엿 2큰술
- 청주 2큰술 · 다진 마늘 2작은술
- 다진 생강 1/2작은술
- 후춧가루 약간

녹말물

- 물 4큰술 · 감자전분 4큰술

만드는 법

재료 확인하기
1 등갈비, 콩나물, 대파, 풋고추, 붉은 고추, 부추, 참기름 등 확인하기

사용할 도구 선택하기
2 냄비, 프라이팬, 나무젓가락 등을 선택하여 준비한다.

재료 계량하기
3 각각의 재료 분량을 컵과 계량스푼, 저울로 계량하기

재료 준비하기
4 등갈비는 1시간 정도 물에 담가 핏물을 제거한다.
5 콩나물은 머리와 꼬리를 제거한다.
6 깨끗이 손질한 부추는 5cm 길이로 썬다.
7 풋고추, 붉은 고추는 어슷썰기하여 씨를 제거한다.
8 대파, 마른 고추는 어슷썰기를 한다.
9 녹말물을 만든다.

양념장 만들기
10 분량의 재료를 섞어 찜양념을 만든다.

조리하기
11 끓는 물에 등갈비를 데쳐 찬물에 헹군다.
12 데친 등갈비, 대파, 양파, 생강편, 통마늘을 넣어 30~40분 정도 푹 삶는다.
13 푹 익은 등갈비는 건져내 한 김 식히고 등갈비 삶은 물은 면포자기를 깐 체에 밭쳐 깔끔하게 국물을 걸러낸다.
14 등갈비는 한 조각씩 먹기 좋게 자른다.
15 콩나물은 끓는 물에 데친다.
16 냄비에 등갈비를 넣고 양념장을 넣어 끓인다. 콩나물, 대파, 고추, 부추를 넣어 고루 버무린다. 녹말물을 넣어 주걱으로 저으며 농도를 조절한다.
17 참기름을 두르고 통깨를 뿌린다.

담아 완성하기
18 등갈비찜 담을 그릇을 선택한다.
19 등갈비찜을 국물과 함께 담는다.

평가자 체크리스트

학습내용	평가 항목	성취수준		
		상	중	하
찜, 선 재료 준비 및 계량	찜, 선의 종류에 따른 도구를 선택하는 능력			
	재료에 따른 계량 능력			
	찜, 선에 적합한 재료 전처리 능력			
찜, 선 양념장 제조	양념의 특성에 맞는 썰기 능력			
	비율을 고려하여 양념장을 만드는 능력			
찜, 선 조리	메뉴에 따라 물과 양념장의 양을 조절하는 능력			
	양념을 하여 재워 두는 능력			
	메뉴에 따라 가열시간을 조절하는 능력			
	찜과 선에 어울리는 고명을 만드는 능력			
찜, 선 그릇 선택	메뉴에 따라 그릇을 선택할 수 있다.			
찜, 선 제공	찜, 선에 따라 국물을 조절하여 담아내는 능력			
	고명을 음식과 조화롭게 올리는 능력			
	겨자장, 초간장 등을 곁들이는 능력.			

서술형 시험

학습내용	평가 항목	성취수준		
		상	중	하
찜, 선 재료 준비 및 계량	찜, 선의 종류에 따른 도구를 선택하는 방법			
	재료에 따른 계량 방법			
	찜, 선에 적합한 재료 전처리 방법			
찜, 선 양념장 제조	양념의 특성에 맞는 썰기 방법			
	비율을 고려하여 양념장을 만드는 방법			
찜, 선 조리	조리법에 따라 재료를 양념하여 재워 두는 이유와 방법			
	찜과 선을 만들기 위해 재료를 조리하는 방법			
	고유의 색과 형태를 유지하는 불조절 방법			
	고명을 사용하는 목적과 고명을 선택하는 방법			
찜, 선 그릇 선택	찜, 선의 그릇을 고르는 방법			
찜, 선 제공	국물의 양을 결정하는 방법			
	찜과 선에 어울리는 고명을 준비하는 방법			
	겨자장과 초간장을 만드는 방법			

작업장 평가

학습내용	평가 항목	성취수준		
		상	중	하
찜, 선 재료 준비 및 계량	찜, 선의 종류에 따른 도구를 준비하는 능력			
	재료에 따른 계량 능력			
	찜, 선에 적합한 재료 전처리 능력			
찜, 선 양념장 제조	양념의 특성에 맞게 썰어 준비하는 능력			
	양념장을 만드는 능력			
찜, 선 조리	메뉴에 따라 물과 양념장의 양을 조절하는 능력			
	양념을 하여 재워 두는 능력			
	메뉴에 따라 불의 세기를 조절하는 능력			
	찜과 선의 고명을 만들고 익힘 정도를 조절하는 능력			
찜, 선 그릇 선택	계절을 고려하여 그릇을 선택하는 능력			
찜, 선 제공	국물을 고려하는 담는 능력			
	메뉴에 따른 주재료와 부재료를 조화롭게 담는 방법			
	겨자장, 초고추장을 곁들여 담는 능력			

학습자 완성품 사진

돈족찜

재료

· 작은 돈족 4개(또는 큰 돈족 1개)

삶는 물
· 물 10컵
· 청주 4큰술
· 된장 3큰술
· 대파 50g
· 통마늘 6쪽
· 생강편 20g
· 양파 1/2개
· 통후추 10알

양념장
· 간장 1컵
· 물 6컵
· 설탕 2/3컵
· 다진 대파 80g
· 다진 마늘 3큰술
· 생강 20g
· 양파 1/2개
· 통후추 5알
· 마른 고추 3개

만드는 법

재료 확인하기
1 돈족, 청주, 된장, 대파, 마늘, 간장, 설탕, 등 확인하기

사용할 도구 선택하기
2 냄비, 프라이팬, 나무젓가락 등을 선택하여 준비한다.

재료 계량하기
3 각각의 재료 분량을 컵과 계량스푼, 저울로 계량하기

재료 준비하기
4 돈족은 깨끗이 씻어 찬물에 담근다.
5 마른 고추는 어슷썰기하여 씨를 제거한다.

양념장 만들기
6 분량의 재료를 섞어 양념장을 만든다.

조리하기
7 돈족은 불에 털을 그을려 태워 씻는다.
8 돈족은 끓는 물에 정종, 된장을 풀고 파, 마늘, 생강, 양파를 넣고 강한 불에서 뚜껑을 열고 살이 완전히 익을 때까지 2시간 정도 삶아 냉수에 씻어놓는다.
9 양념장, 마른 고추, 돈족을 중불에서 뚜껑을 열고 불에서 1시간–1시간 30분 정도 조린다.

담아 완성하기
10 돈족찜 담을 그릇을 선택한다.
11 돈족찜을 먹기 좋게 썰어 담는다.

평가자 체크리스트

학습내용	평가 항목	성취수준		
		상	중	하
찜, 선 재료 준비 및 계량	찜, 선의 종류에 따른 도구를 선택하는 능력			
	재료에 따른 계량 능력			
	찜, 선에 적합한 재료 전처리 능력			
찜, 선 양념장 제조	양념의 특성에 맞는 썰기 능력			
	비율을 고려하여 양념장을 만드는 능력			
찜, 선 조리	메뉴에 따라 물과 양념장의 양을 조절하는 능력			
	양념을 하여 재워 두는 능력			
	메뉴에 따라 가열시간을 조절하는 능력			
	찜과 선에 어울리는 고명을 만드는 능력			
찜, 선 그릇 선택	메뉴에 따라 그릇을 선택할 수 있다.			
찜, 선 제공	찜, 선에 따라 국물을 조절하여 담아내는 능력			
	고명을 음식과 조화롭게 올리는 능력			
	겨자장, 초간장 등을 곁들이는 능력.			

서술형 시험

학습내용	평가 항목	성취수준		
		상	중	하
찜, 선 재료 준비 및 계량	찜, 선의 종류에 따른 도구를 선택하는 방법			
	재료에 따른 계량 방법			
	찜, 선에 적합한 재료 전처리 방법			
찜, 선 양념장 제조	양념의 특성에 맞는 썰기 방법			
	비율을 고려하여 양념장을 만드는 방법			
찜, 선 조리	조리법에 따라 재료를 양념하여 재워 두는 이유와 방법			
	찜과 선을 만들기 위해 재료를 조리하는 방법			
	고유의 색과 형태를 유지하는 불조절 방법			
	고명을 사용하는 목적과 고명을 선택하는 방법			
찜, 선 그릇 선택	찜, 선의 그릇을 고르는 방법			
찜, 선 제공	국물의 양을 결정하는 방법			
	찜과 선에 어울리는 고명을 준비하는 방법			
	겨자장과 초간장을 만드는 방법			

작업장 평가

학습내용	평가 항목	성취수준		
		상	중	하
찜, 선 재료 준비 및 계량	찜, 선의 종류에 따른 도구를 준비하는 능력			
	재료에 따른 계량 능력			
	찜, 선에 적합한 재료 전처리 능력			
찜, 선 양념장 제조	양념의 특성에 맞게 썰어 준비하는 능력			
	양념장을 만드는 능력			
찜, 선 조리	메뉴에 따라 물과 양념장의 양을 조절하는 능력			
	양념을 하여 재워 두는 능력			
	메뉴에 따라 불의 세기를 조절하는 능력			
	찜과 선의 고명을 만들고 익힘 정도를 조절하는 능력			
찜, 선 그릇 선택	계절을 고려하여 그릇을 선택하는 능력			
찜, 선 제공	국물을 고려하는 담는 능력			
	메뉴에 따른 주재료와 부재료를 조화롭게 담는 방법			
	겨자장, 초고추장을 곁들여 담는 능력			

학습자 완성품 사진

코다리찜

재료

- 코다리 400g
- 무 200g
- 대파 1대
- 붉은 고추 1개

양념장
- 간장 4큰술
- 고춧가루 1½큰술
- 설탕 2큰술
- 다진 대파 2큰술
- 다진 마늘 1큰술
- 생강즙 1작은술
- 참기름 1큰술
- 참깨 1작은술
- 후춧가루 1/8작은술
- 물 1/2컵

만드는 법

재료 확인하기
1 코다리, 무, 대파, 붉은 고추, 간장, 고춧가루 등 확인하기

사용할 도구 선택하기
2 냄비, 프라이팬, 나무젓가락 등을 선택하여 준비한다.

재료 계량하기
3 각각의 재료 분량을 컵과 계량스푼, 저울로 계량하기

재료 준비하기
4 코다리는 5cm 정도로 토막내어 안쪽에 붙은 검은 막과 지느러미를 제거한다.
5 무는 4cm×3cm×1cm 크기로 썬다.
6 대파는 어슷썰기를 한다.
7 고추는 어슷썰기를 하여 씨를 제거한다.

양념장 만들기
8 분량의 재료를 섞어 양념장을 만든다.

조리하기
9 냄비에 무, 코다리와 양념장의 1/2을 넣고 중불에서 끓인다. 어느 정도 익으면 남은 양념과 붉은 고추, 대파를 넣고 약불에서 조리듯 익힌다.

담아 완성하기
10 코다리찜 담을 그릇을 선택한다.
11 코다리찜을 국물과 함께 따뜻하게 담는다.

평가자 체크리스트

학습내용	평가 항목	성취수준		
		상	중	하
찜, 선 재료 준비 및 계량	찜, 선의 종류에 따른 도구를 선택하는 능력			
	재료에 따른 계량 능력			
	찜, 선에 적합한 재료 전처리 능력			
찜, 선 양념장 제조	양념의 특성에 맞는 썰기 능력			
	비율을 고려하여 양념장을 만드는 능력			
찜, 선 조리	메뉴에 따라 물과 양념장의 양을 조절하는 능력			
	양념을 하여 재워 두는 능력			
	메뉴에 따라 가열시간을 조절하는 능력			
	찜과 선에 어울리는 고명을 만드는 능력			
찜, 선 그릇 선택	메뉴에 따라 그릇을 선택할 수 있다.			
찜, 선 제공	찜, 선에 따라 국물을 조절하여 담아내는 능력			
	고명을 음식과 조화롭게 올리는 능력			
	겨자장, 초간장 등을 곁들이는 능력.			

서술형 시험

학습내용	평가 항목	성취수준		
		상	중	하
찜, 선 재료 준비 및 계량	찜, 선의 종류에 따른 도구를 선택하는 방법			
	재료에 따른 계량 방법			
	찜, 선에 적합한 재료 전처리 방법			
찜, 선 양념장 제조	양념의 특성에 맞는 썰기 방법			
	비율을 고려하여 양념장을 만드는 방법			
찜, 선 조리	조리법에 따라 재료를 양념하여 재워 두는 이유와 방법			
	찜과 선을 만들기 위해 재료를 조리하는 방법			
	고유의 색과 형태를 유지하는 불조절 방법			
	고명을 사용하는 목적과 고명을 선택하는 방법			
찜, 선 그릇 선택	찜, 선의 그릇을 고르는 방법			
찜, 선 제공	국물의 양을 결정하는 방법			
	찜과 선에 어울리는 고명을 준비하는 방법			
	겨자장과 초간장을 만드는 방법			

작업장 평가

학습내용	평가 항목	성취수준		
		상	중	하
찜, 선 재료 준비 및 계량	찜, 선의 종류에 따른 도구를 준비하는 능력			
	재료에 따른 계량 능력			
	찜, 선에 적합한 재료 전처리 능력			
찜, 선 양념장 제조	양념의 특성에 맞게 썰어 준비하는 능력			
	양념장을 만드는 능력			
찜, 선 조리	메뉴에 따라 물과 양념장의 양을 조절하는 능력			
	양념을 하여 재워 두는 능력			
	메뉴에 따라 불의 세기를 조절하는 능력			
	찜과 선의 고명을 만들고 익힘 정도를 조절하는 능력			
찜, 선 그릇 선택	계절을 고려하여 그릇을 선택하는 능력			
찜, 선 제공	국물을 고려하는 담는 능력			
	메뉴에 따른 주재료와 부재료를 조화롭게 담는 방법			
	겨자장, 초고추장을 곁들여 담는 능력			

학습자 완성품 사진

도미찜

재료

- 도미 1마리(500g)
- 소고기 우둔 100g
- 석이버섯 10g
- 마른 표고버섯 2개
- 붉은 고추 1개
- 풋고추 1개
- 달걀 1개
- 식용유 적당량
- 소금 1/5작은술
- 참기름 1/3작은술

도미 밑간
- 소금 1작은술
- 청주 1큰술
- 후춧가루 약간

도미 밑간
- 간장 1큰술
- 설탕 1큰술
- 다진 대파 2작은술
- 다진 마늘 1작은술
- 참기름 1작은술
- 참깨 1/2작은술
- 후춧가루 1/8작은술

겨자초장
- 겨자 갠 것 1작은술
- 설탕 1/2큰술
- 식초 1큰술
- 간장 1작은술
- 물 1큰술

만드는 법

재료 확인하기
1 도미, 소고기 우둔, 석이버섯, 표고버섯, 붉은 고추, 풋고추, 달걀, 식용유, 소금 등 확인하기

사용할 도구 선택하기
2 냄비, 프라이팬, 나무젓가락 등을 선택하여 준비한다.

재료 계량하기
3 각각의 재료 분량을 컵과 계량스푼, 저울로 계량하기

재료 준비하기
4 도미는 지느러미를 제거하고 비늘을 긁는다. 이때 꼬리지느러미는 가위로 정리하여 둔다. 깨끗이 씻어 2~3cm 간격으로 칼집을 낸다. 소금, 청주, 후춧가루로 밑간을 한다.
5 소고기는 반은 다지고, 반은 결대로 썬다.
6 붉은 고추, 풋고추는 반으로 갈라 씨를 제거하고 4cm 길이로 곱게 채를 썬다.
7 석이버섯, 마른 표고버섯은 물에 불려 곱게 채를 썬다.

양념장 만들기
8 분량의 재료를 섞어 고기양념을 만든다.
9 분량의 재료를 섞어 겨자초장을 만든다.

조리하기
10 다진 소고기, 채 썬 소고기, 표고버섯은 각각 고기양념으로 버무린다.
11 달걀은 황·백으로 지단을 부치고 4cm 길이로 곱게 채 썬다.
12 석이버섯은 참기름을 두르고 소금 간을 하여 살짝 볶는다.
13 채 썬 고추는 달구어진 팬에 식용유를 두르고 소금 간을 하여 살짝 볶는다.
14 채 썬 소고기와 표고버섯은 각각 팬에 볶아낸다.
15 소고기를 다져서 양념한 것은 도미의 칼집에 끼운다.
16 김이 오른 찜통에 15~20분 정도 쪄서 익힌 후 한 김 식힌다.

담아 완성하기
17 도미찜 담을 그릇을 선택한다.
18 도미찜을 그릇에 담아 소고기, 황·백지단, 석이버섯, 표고버섯, 붉은 고추, 풋고추로 준비한 고명을 색스럽게 올린다.

학습 평가

| 평가자 체크리스트

학습내용	평가 항목	성취수준		
		상	중	하
찜, 선 재료 준비 및 계량	찜, 선의 종류에 따른 도구를 선택하는 능력			
	재료에 따른 계량 능력			
	찜, 선에 적합한 재료 전처리 능력			
찜, 선 양념장 제조	양념의 특성에 맞는 썰기 능력			
	비율을 고려하여 양념장을 만드는 능력			
찜, 선 조리	메뉴에 따라 물과 양념장의 양을 조절하는 능력			
	양념을 하여 재워 두는 능력			
	메뉴에 따라 가열시간을 조절하는 능력			
	찜과 선에 어울리는 고명을 만드는 능력			
찜, 선 그릇 선택	메뉴에 따라 그릇을 선택할 수 있다.			
찜, 선 제공	찜, 선에 따라 국물을 조절하여 담아내는 능력			
	고명을 음식과 조화롭게 올리는 능력			
	겨자장, 초간장 등을 곁들이는 능력.			

| 서술형 시험

학습내용	평가 항목	성취수준		
		상	중	하
찜, 선 재료 준비 및 계량	찜, 선의 종류에 따른 도구를 선택하는 방법			
	재료에 따른 계량 방법			
	찜, 선에 적합한 재료 전처리 방법			
찜, 선 양념장 제조	양념의 특성에 맞는 썰기 방법			
	비율을 고려하여 양념장을 만드는 방법			
찜, 선 조리	조리법에 따라 재료를 양념하여 재워 두는 이유와 방법			
	찜과 선을 만들기 위해 재료를 조리하는 방법			
	고유의 색과 형태를 유지하는 불조절 방법			
	고명을 사용하는 목적과 고명을 선택하는 방법			
찜, 선 그릇 선택	찜, 선의 그릇을 고르는 방법			
찜, 선 제공	국물의 양을 결정하는 방법			
	찜과 선에 어울리는 고명을 준비하는 방법			
	겨자장과 초간장을 만드는 방법			

작업장 평가

학습내용	평가 항목	성취수준		
		상	중	하
찜, 선 재료 준비 및 계량	찜, 선의 종류에 따른 도구를 준비하는 능력			
	재료에 따른 계량 능력			
	찜, 선에 적합한 재료 전처리 능력			
찜, 선 양념장 제조	양념의 특성에 맞게 썰어 준비하는 능력			
	양념장을 만드는 능력			
찜, 선 조리	메뉴에 따라 물과 양념장의 양을 조절하는 능력			
	양념을 하여 재워 두는 능력			
	메뉴에 따라 불의 세기를 조절하는 능력			
	찜과 선의 고명을 만들고 익힘 정도를 조절하는 능력			
찜, 선 그릇 선택	계절을 고려하여 그릇을 선택하는 능력			
찜, 선 제공	국물을 고려하는 담는 능력			
	메뉴에 따른 주재료와 부재료를 조화롭게 담는 방법			
	겨자장, 초고추장을 곁들여 담는 능력			

학습자 완성품 사진

깻잎찜

재료

- 깻잎 20장
- 다진 소고기 100g
- 당근 50g
- 양파 50g
- 소금 약간

육수
- 소고기 사태 50g
- 통마늘 1개
- 대파 20g

고기양념
- 간장 1큰술
- 설탕 1작은술
- 다진 대파 1큰술
- 다진 마늘 1/2큰술
- 참기름 2작은술
- 참깨 1/2작은술
- 후춧가루 1/8작은술

만드는 법

재료 확인하기
1 깻잎, 소고기, 당근, 양파, 사태, 통마늘, 대파, 간장 등 확인하기

사용할 도구 선택하기
2 냄비, 프라이팬, 나무젓가락 등을 선택하여 준비한다.

재료 계량하기
3 각각의 재료 분량을 컵과 계량스푼, 저울로 계량하기

재료 준비하기
4 깻잎은 깨끗이 씻어 물기를 제거한다.
5 당근, 양파는 3cm 길이로 곱게 채를 썬다.
6 다진 소고기는 핏물을 제거한다.

양념장 만들기
7 분량의 재료를 섞어 고기양념을 만든다.

조리하기
8 끓는 물에 사태를 데쳐내어 찬물에 헹구고, 데친 사태, 물, 마늘, 대파를 넣어 육수를 끓인다.
9 육수는 면포에 거르고 소금으로 간을 한다. 사태를 편으로 썬다.
10 다진 소고기는 고기양념으로 버무린다.
11 깻잎에 소고기양념한 것, 당근, 양파를 조금씩 올리고 깻잎을 얹고를 반복한다.
12 냄비에 썬 사태를 깔고 준비한 깻잎을 넣어 육수를 부은 다음 중불에서 끓인다.

담아 완성하기
13 깻잎찜 담을 그릇을 선택한다.
14 깻잎찜을 따뜻하게 담는다.

학습
평가

평가자 체크리스트

학습내용	평가 항목	성취수준		
		상	중	하
찜, 선 재료 준비 및 계량	찜, 선의 종류에 따른 도구를 선택하는 능력			
	재료에 따른 계량 능력			
	찜, 선에 적합한 재료 전처리 능력			
찜, 선 양념장 제조	양념의 특성에 맞는 썰기 능력			
	비율을 고려하여 양념장을 만드는 능력			
찜, 선 조리	메뉴에 따라 물과 양념장의 양을 조절하는 능력			
	양념을 하여 재워 두는 능력			
	메뉴에 따라 가열시간을 조절하는 능력			
	찜과 선에 어울리는 고명을 만드는 능력			
찜, 선 그릇 선택	메뉴에 따라 그릇을 선택할 수 있다.			
찜, 선 제공	찜, 선에 따라 국물을 조절하여 담아내는 능력			
	고명을 음식과 조화롭게 올리는 능력			
	겨자장, 초간장 등을 곁들이는 능력.			

서술형 시험

학습내용	평가 항목	성취수준		
		상	중	하
찜, 선 재료 준비 및 계량	찜, 선의 종류에 따른 도구를 선택하는 방법			
	재료에 따른 계량 방법			
	찜, 선에 적합한 재료 전처리 방법			
찜, 선 양념장 제조	양념의 특성에 맞는 썰기 방법			
	비율을 고려하여 양념장을 만드는 방법			
찜, 선 조리	조리법에 따라 재료를 양념하여 재워 두는 이유와 방법			
	찜과 선을 만들기 위해 재료를 조리하는 방법			
	고유의 색과 형태를 유지하는 불조절 방법			
	고명을 사용하는 목적과 고명을 선택하는 방법			
찜, 선 그릇 선택	찜, 선의 그릇을 고르는 방법			
찜, 선 제공	국물의 양을 결정하는 방법			
	찜과 선에 어울리는 고명을 준비하는 방법			
	겨자장과 초간장을 만드는 방법			

작업장 평가

학습내용	평가 항목	성취수준		
		상	중	하
찜, 선 재료 준비 및 계량	찜, 선의 종류에 따른 도구를 준비하는 능력			
	재료에 따른 계량 능력			
	찜, 선에 적합한 재료 전처리 능력			
찜, 선 양념장 제조	양념의 특성에 맞게 썰어 준비하는 능력			
	양념장을 만드는 능력			
찜, 선 조리	메뉴에 따라 물과 양념장의 양을 조절하는 능력			
	양념을 하여 재워 두는 능력			
	메뉴에 따라 불의 세기를 조절하는 능력			
	찜과 선의 고명을 만들고 익힘 정도를 조절하는 능력			
찜, 선 그릇 선택	계절을 고려하여 그릇을 선택하는 능력			
찜, 선 제공	국물을 고려하는 담는 능력			
	메뉴에 따른 주재료와 부재료를 조화롭게 담는 방법			
	겨자장, 초고추장을 곁들여 담는 능력			

학습자 완성품 사진

붕어찜

재료

- 붕어 2마리 · 식초 4큰술
- 미림 4큰술 · 청주 1/2컵
- 불린 흰콩 1/2컵
- 삶은 시래기 또는 배추 200g
- 무 200g · 양파 1개
- 대파 2대 · 청양고추 2개
- 풋고추 3개 · 붉은 고추 3개
- 깻잎 5장

시래기양념

- 된장 2큰술
- 들기름 3큰술

양념장

- 된장 1큰술 · 고추장 2큰술
- 간장 1/2컵 · 청주 1컵
- 설탕 3큰술 · 고춧가루 1/2컵
- 다진 마늘 3큰술 · 생강즙 2큰술
- 참기름 1큰술 · 깨소금 1큰술
- 후춧가루 2작은술 · 물 2컵

만드는 법

재료 확인하기

1 붕어, 식초, 미림, 청주, 흰콩, 시래기 또는 배추, 무, 양파, 대파, 고추 등 확인하기

사용할 도구 선택하기

2 냄비, 나무젓가락 등을 선택하여 준비한다.

재료 계량하기

3 각각의 재료 분량을 컵과 계량스푼, 저울로 계량하기

재료 준비하기

4 붕어는 지느러미를 제거하고 내장을 빼내어 깨끗이 씻는다. 생선의 뼈를 연하게 하기 위해 식초, 청주, 미림을 섞어 손질한 붕어를 5~10분 정도 담가 놓는다.
5 흰콩은 하루 전 날 찬물에 불려 껍질을 까서 준비해 둔다.
6 1시간 이상 푹 삶아둔 시래기는 껍질을 벗겨 5cm 정도 크기로 썬다.
7 양파도 1cm 폭으로 채를 썬다.
8 무는 4cm×3cm×1cm로 썬다.
9 고추는 굵직하게 어슷썰기한 뒤 씨를 제거한다.
10 깻잎은 깨끗이 씻어 6등분으로 썬다.

양념장 만들기

11 분량의 재료를 섞어 양념장을 만든다.

조리하기

12 시래기는 들기름, 된장을 넣고 양념한다.
13 냄비에 무를 깔고, 붕어를 올린 다음 시래기, 흰콩, 양파, 대파, 고추도 올린다. 양념장을 넣고 센 불에서 끓이고, 약불로 줄인다. 깻잎을 넣어 한소끔 더 끓인다.

담아 완성하기

14 붕어찜 담을 그릇을 선택한다.
15 붕어찜을 그릇에 담아 깻잎, 풋고추, 붉은 고추를 고명으로 올린다.

학습
평가

평가자 체크리스트

학습내용	평가 항목	성취수준		
		상	중	하
찜, 선 재료 준비 및 계량	찜, 선의 종류에 따른 도구를 선택하는 능력			
	재료에 따른 계량 능력			
	찜, 선에 적합한 재료 전처리 능력			
찜, 선 양념장 제조	양념의 특성에 맞는 썰기 능력			
	비율을 고려하여 양념장을 만드는 능력			
찜, 선 조리	메뉴에 따라 물과 양념장의 양을 조절하는 능력			
	양념을 하여 재워 두는 능력			
	메뉴에 따라 가열시간을 조절하는 능력			
	찜과 선에 어울리는 고명을 만드는 능력			
찜, 선 그릇 선택	메뉴에 따라 그릇을 선택할 수 있다.			
찜, 선 제공	찜, 선에 따라 국물을 조절하여 담아내는 능력			
	고명을 음식과 조화롭게 올리는 능력			
	겨자장, 초간장 등을 곁들이는 능력.			

서술형 시험

학습내용	평가 항목	성취수준		
		상	중	하
찜, 선 재료 준비 및 계량	찜, 선의 종류에 따른 도구를 선택하는 방법			
	재료에 따른 계량 방법			
	찜, 선에 적합한 재료 전처리 방법			
찜, 선 양념장 제조	양념의 특성에 맞는 썰기 방법			
	비율을 고려하여 양념장을 만드는 방법			
찜, 선 조리	조리법에 따라 재료를 양념하여 재워 두는 이유와 방법			
	찜과 선을 만들기 위해 재료를 조리하는 방법			
	고유의 색과 형태를 유지하는 불조절 방법			
	고명을 사용하는 목적과 고명을 선택하는 방법			
찜, 선 그릇 선택	찜, 선의 그릇을 고르는 방법			
찜, 선 제공	국물의 양을 결정하는 방법			
	찜과 선에 어울리는 고명을 준비하는 방법			
	겨자장과 초간장을 만드는 방법			

작업장 평가

학습내용	평가 항목	성취수준		
		상	중	하
찜, 선 재료 준비 및 계량	찜, 선의 종류에 따른 도구를 준비하는 능력			
	재료에 따른 계량 능력			
	찜, 선에 적합한 재료 전처리 능력			
찜, 선 양념장 제조	양념의 특성에 맞게 썰어 준비하는 능력			
	양념장을 만드는 능력			
찜, 선 조리	메뉴에 따라 물과 양념장의 양을 조절하는 능력			
	양념을 하여 재워 두는 능력			
	메뉴에 따라 불의 세기를 조절하는 능력			
	찜과 선의 고명을 만들고 익힘 정도를 조절하는 능력			
찜, 선 그릇 선택	계절을 고려하여 그릇을 선택하는 능력			
찜, 선 제공	국물을 고려하는 담는 능력			
	메뉴에 따른 주재료와 부재료를 조화롭게 담는 방법			
	겨자장, 초고추장을 곁들여 담는 능력			

학습자 완성품 사진

아귀찜

재료

- 아귀 500g
- 다듬은 미나리 100g
- 콩나물 400g
- 붉은 고추 1개
- 청양고추 1개
- 대파 74g
- 참기름 1큰술
- 참깨 1작은술

양념장

- 고춧가루 6큰술
- 고추장 1큰술
- 간장 2큰술
- 소금 1큰술
- 다진 마늘 1큰술
- 청주 3큰술
- 물엿 2큰술
- 후춧가루 1/3작은술

녹말물

- 녹말 2큰술
- 물 2큰술

만드는 법

재료 확인하기
1 아귀, 미나리, 콩나물, 붉은 고추, 청양고추, 대파, 참기름 등 확인하기

사용할 도구 선택하기
2 냄비, 나무젓가락 등을 선택하여 준비한다.

재료 계량하기
3 각각의 재료 분량을 컵과 계량스푼, 저울로 계량하기

재료 준비하기
4 아귀는 토막을 5cm×4cm 크기로 낸다.
5 미나리는 다듬어서 5cm 길이로 썬다.
6 붉은 고추, 청양고추는 어슷썰기를 하여 씨를 제거한다.
7 대파는 5cm×1cm 길이로 썬다.
8 콩나물은 깨끗하게 씻어 소쿠리에 건져 물기를 뺀다.
9 녹말물을 만든다.

양념장 만들기
10 분량의 재료를 섞어 양념장을 만든다.

조리하기
11 끓는 물에 아귀를 데친다.
12 냄비에 물 3컵을 끓여 콩나물을 넣고 아삭하게 데쳐내고, 아귀를 넣어 끓인다.
13 아귀가 무르게 익으면 양념을 넣어 버무리고 양념이 배도록 한다. 아삭하게 데친 콩나물, 미나리, 붉은 고추, 청양고추, 대파를 넣어 함께 버무리고, 녹말물을 풀어 농도를 맞춘다.
14 참기름과 참깨를 넣는다.

담아 완성하기
15 아귀찜 담을 그릇을 선택한다.
16 아귀찜을 그릇에 따뜻하게 담는다.

▍평가자 체크리스트

학습내용	평가 항목	성취수준		
		상	중	하
찜, 선 재료 준비 및 계량	찜, 선의 종류에 따른 도구를 선택하는 능력			
	재료에 따른 계량 능력			
	찜, 선에 적합한 재료 전처리 능력			
찜, 선 양념장 제조	양념의 특성에 맞는 썰기 능력			
	비율을 고려하여 양념장을 만드는 능력			
찜, 선 조리	메뉴에 따라 물과 양념장의 양을 조절하는 능력			
	양념을 하여 재워 두는 능력			
	메뉴에 따라 가열시간을 조절하는 능력			
	찜과 선에 어울리는 고명을 만드는 능력			
찜, 선 그릇 선택	메뉴에 따라 그릇을 선택할 수 있다.			
찜, 선 제공	찜, 선에 따라 국물을 조절하여 담아내는 능력			
	고명을 음식과 조화롭게 올리는 능력			
	겨자장, 초간장 등을 곁들이는 능력.			

▍서술형 시험

학습내용	평가 항목	성취수준		
		상	중	하
찜, 선 재료 준비 및 계량	찜, 선의 종류에 따른 도구를 선택하는 방법			
	재료에 따른 계량 방법			
	찜, 선에 적합한 재료 전처리 방법			
찜, 선 양념장 제조	양념의 특성에 맞는 썰기 방법			
	비율을 고려하여 양념장을 만드는 방법			
찜, 선 조리	조리법에 따라 재료를 양념하여 재워 두는 이유와 방법			
	찜과 선을 만들기 위해 재료를 조리하는 방법			
	고유의 색과 형태를 유지하는 불조절 방법			
	고명을 사용하는 목적과 고명을 선택하는 방법			
찜, 선 그릇 선택	찜, 선의 그릇을 고르는 방법			
찜, 선 제공	국물의 양을 결정하는 방법			
	찜과 선에 어울리는 고명을 준비하는 방법			
	겨자장과 초간장을 만드는 방법			

작업장 평가

학습내용	평가 항목	성취수준		
		상	중	하
찜, 선 재료 준비 및 계량	찜, 선의 종류에 따른 도구를 준비하는 능력			
	재료에 따른 계량 능력			
	찜, 선에 적합한 재료 전처리 능력			
찜, 선 양념장 제조	양념의 특성에 맞게 썰어 준비하는 능력			
	양념장을 만드는 능력			
찜, 선 조리	메뉴에 따라 물과 양념장의 양을 조절하는 능력			
	양념을 하여 재워 두는 능력			
	메뉴에 따라 불의 세기를 조절하는 능력			
	찜과 선의 고명을 만들고 익힘 정도를 조절하는 능력			
찜, 선 그릇 선택	계절을 고려하여 그릇을 선택하는 능력			
찜, 선 제공	국물을 고려하는 담는 능력			
	메뉴에 따른 주재료와 부재료를 조화롭게 담는 방법			
	겨자장, 초고추장을 곁들여 담는 능력			

학습자 완성품 사진

미더덕찜

재료

- 미더덕 200g
- 콩나물 500g
- 미나리 50g
- 붉은 고추 1/2개

다시마물

- 물 2컵
- 다시마(5×5cm) 1장

양념장

- 고춧가루 3큰술
- 간장 2큰술
- 고추장 1큰술
- 맛술 2큰술
- 소금 1/3작은술
- 다진 마늘 2작은술
- 생강즙 1/2작은술

녹말물

- 녹말 2큰술
- 물 2큰술

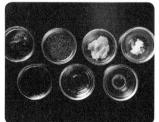

만드는 법

재료 확인하기

1 미더덕, 콩나물, 미나리, 붉은 고추, 다시마, 고춧가루, 간장, 맛술 등 확인하기

사용할 도구 선택하기

2 냄비, 나무젓가락 등을 선택하여 준비한다.

재료 계량하기

3 각각의 재료 분량을 컵과 계량스푼, 저울로 계량하기

재료 준비하기

4 다시마는 면포로 닦는다.
5 미더덕은 흐르는 물에 헹궈 물기를 제거한다.
6 콩나물은 깨끗하게 씻어 소쿠리에 건져 물기를 뺀다.
7 미나리는 다듬어서 5cm 길이로 썬다.
8 붉은 고추는 어슷썰기하여 씨를 제거한다.
9 녹말물을 만든다.

양념장 만들기

10 분량의 재료를 섞어 양념장을 만든다.

조리하기

11 찬물에 다시마를 넣어 물이 끓어오르면 다시마를 건진다.
12 냄비에 미더덕과 다시마물을 넣어 끓이고 양념장을 넣어 섞고 콩나물과 미나리, 붉은 고추를 넣어 숨이 죽을 때까지 끓인다.
13 녹말물을 넣어 걸쭉하게 농도를 맞춘다.

담아 완성하기

14 미더덕찜 담을 그릇을 선택한다.
15 미더덕찜을 그릇에 따뜻하게 담는다.

평가자 체크리스트

학습내용	평가 항목	성취수준		
		상	중	하
찜, 선 재료 준비 및 계량	찜, 선의 종류에 따른 도구를 선택하는 능력			
	재료에 따른 계량 능력			
	찜, 선에 적합한 재료 전처리 능력			
찜, 선 양념장 제조	양념의 특성에 맞는 썰기 능력			
	비율을 고려하여 양념장을 만드는 능력			
찜, 선 조리	메뉴에 따라 물과 양념장의 양을 조절하는 능력			
	양념을 하여 재워 두는 능력			
	메뉴에 따라 가열시간을 조절하는 능력			
	찜과 선에 어울리는 고명을 만드는 능력			
찜, 선 그릇 선택	메뉴에 따라 그릇을 선택할 수 있다.			
찜, 선 제공	찜, 선에 따라 국물을 조절하여 담아내는 능력			
	고명을 음식과 조화롭게 올리는 능력			
	겨자장, 초간장 등을 곁들이는 능력.			

서술형 시험

학습내용	평가 항목	성취수준		
		상	중	하
찜, 선 재료 준비 및 계량	찜, 선의 종류에 따른 도구를 선택하는 방법			
	재료에 따른 계량 방법			
	찜, 선에 적합한 재료 전처리 방법			
찜, 선 양념장 제조	양념의 특성에 맞는 썰기 방법			
	비율을 고려하여 양념장을 만드는 방법			
찜, 선 조리	조리법에 따라 재료를 양념하여 재워 두는 이유와 방법			
	찜과 선을 만들기 위해 재료를 조리하는 방법			
	고유의 색과 형태를 유지하는 불조절 방법			
	고명을 사용하는 목적과 고명을 선택하는 방법			
찜, 선 그릇 선택	찜, 선의 그릇을 고르는 방법			
찜, 선 제공	국물의 양을 결정하는 방법			
	찜과 선에 어울리는 고명을 준비하는 방법			
	겨자장과 초간장을 만드는 방법			

작업장 평가

학습내용	평가 항목	성취수준		
		상	중	하
찜, 선 재료 준비 및 계량	찜, 선의 종류에 따른 도구를 준비하는 능력			
	재료에 따른 계량 능력			
	찜, 선에 적합한 재료 전처리 능력			
찜, 선 양념장 제조	양념의 특성에 맞게 썰어 준비하는 능력			
	양념장을 만드는 능력			
찜, 선 조리	메뉴에 따라 물과 양념장의 양을 조절하는 능력			
	양념을 하여 재워 두는 능력			
	메뉴에 따라 불의 세기를 조절하는 능력			
	찜과 선의 고명을 만들고 익힘 정도를 조절하는 능력			
찜, 선 그릇 선택	계절을 고려하여 그릇을 선택하는 능력			
찜, 선 제공	국물을 고려하는 담는 능력			
	메뉴에 따른 주재료와 부재료를 조화롭게 담는 방법			
	겨자장, 초고추장을 곁들여 담는 능력			

학습자 완성품 사진

대하찜

재료

- 대하 2마리 · 소금 1작은술
- 후춧가루 약간 · 청주 1작은술
- 두부 40g · 석이버섯 1장
- 달걀 1개 · 붉은 고추 1/4개
- 풋고추 1/4개 · 참기름 약간
- 식용유 약간

겨자초장

- 겨자 갠 것 1작은술
- 설탕 1/2큰술 · 식초 1큰술
- 간장 1작은술 · 물 1큰술

만드는 법

재료 확인하기

1 대하, 소금, 후춧가루, 청주, 두부, 석이버섯, 달걀, 붉은 고추 등 확인하기

사용할 도구 선택하기

2 냄비, 찜기, 나무젓가락 등을 선택하여 준비한다.

재료 계량하기

3 각각의 재료 분량을 컵과 계량스푼, 저울로 계량하기

재료 준비하기

4 대하는 깨끗이 씻어 다리, 수염 등을 가위로 자른다. 등쪽에 칼집을 넣어 반으로 가르고 내장을 제거한다. 대하살은 곱게 다진다.
5 석이버섯은 미지근한 물에 불려 손질하고 채를 곱게 썬다.
6 두부는 물기를 제거하고 곱게 으깬다.
7 붉은 고추, 풋고추는 반으로 갈라 씨를 제거하고 2cm 길이로 곱게 채 썬다.

양념장 만들기

8 분량의 재료를 섞어 겨자초장을 만든다.

조리하기

9 달걀은 황·백으로 지단을 부쳐 2cm 길이로 곱게 채 썬다.
10 석이버섯은 팬에 참기름을 두르고 소금으로 간을 하여 살짝 볶는다.
11 다진 대하살, 두부, 소금, 후춧가루, 청주를 합하여 버무린다. 대하 껍질 안에 속을 채운다.
12 김이 오른 찜기에 새우를 찐다.

담아 완성하기

13 대하찜 담을 그릇을 선택한다.
14 대하찜을 그릇에 담고 석이버섯, 황·백지단, 풋고추, 붉은 고추로 고명을 한다.

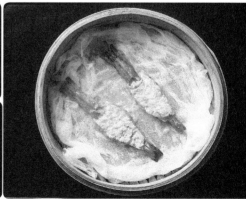

학습
평가

평가자 체크리스트

학습내용	평가 항목	성취수준		
		상	중	하
찜, 선 재료 준비 및 계량	찜, 선의 종류에 따른 도구를 선택하는 능력			
	재료에 따른 계량 능력			
	찜, 선에 적합한 재료 전처리 능력			
찜, 선 양념장 제조	양념의 특성에 맞는 썰기 능력			
	비율을 고려하여 양념장을 만드는 능력			
찜, 선 조리	메뉴에 따라 물과 양념장의 양을 조절하는 능력			
	양념을 하여 재워 두는 능력			
	메뉴에 따라 가열시간을 조절하는 능력			
	찜과 선에 어울리는 고명을 만드는 능력			
찜, 선 그릇 선택	메뉴에 따라 그릇을 선택할 수 있다.			
찜, 선 제공	찜, 선에 따라 국물을 조절하여 담아내는 능력			
	고명을 음식과 조화롭게 올리는 능력			
	겨자장, 초간장 등을 곁들이는 능력.			

서술형 시험

학습내용	평가 항목	성취수준		
		상	중	하
찜, 선 재료 준비 및 계량	찜, 선의 종류에 따른 도구를 선택하는 방법			
	재료에 따른 계량 방법			
	찜, 선에 적합한 재료 전처리 방법			
찜, 선 양념장 제조	양념의 특성에 맞는 썰기 방법			
	비율을 고려하여 양념장을 만드는 방법			
찜, 선 조리	조리법에 따라 재료를 양념하여 재워 두는 이유와 방법			
	찜과 선을 만들기 위해 재료를 조리하는 방법			
	고유의 색과 형태를 유지하는 불조절 방법			
	고명을 사용하는 목적과 고명을 선택하는 방법			
찜, 선 그릇 선택	찜, 선의 그릇을 고르는 방법			
찜, 선 제공	국물의 양을 결정하는 방법			
	찜과 선에 어울리는 고명을 준비하는 방법			
	겨자장과 초간장을 만드는 방법			

작업장 평가

학습내용	평가 항목	성취수준		
		상	중	하
찜, 선 재료 준비 및 계량	찜, 선의 종류에 따른 도구를 준비하는 능력			
	재료에 따른 계량 능력			
	찜, 선에 적합한 재료 전처리 능력			
찜, 선 양념장 제조	양념의 특성에 맞게 썰어 준비하는 능력			
	양념장을 만드는 능력			
찜, 선 조리	메뉴에 따라 물과 양념장의 양을 조절하는 능력			
	양념을 하여 재워 두는 능력			
	메뉴에 따라 불의 세기를 조절하는 능력			
	찜과 선의 고명을 만들고 익힘 정도를 조절하는 능력			
찜, 선 그릇 선택	계절을 고려하여 그릇을 선택하는 능력			
찜, 선 제공	국물을 고려하는 담는 능력			
	메뉴에 따른 주재료와 부재료를 조화롭게 담는 방법			
	겨자장, 초고추장을 곁들여 담는 능력			

학습자 완성품 사진

꽃게찜

재료

- 꽃게 3마리
- 소고기 150g
- 두부 80g
- 붉은 고추 2개
- 풋고추 2개
- 소금 1/8작은술
- 식용유 1작은술
- 석이버섯 10g
- 참기름 1/2작은술
- 소금 1/5작은술
- 달걀 2개
- 소금 1/8작은술
- 식용유 1작은술
- 밀가루 2큰술

양념

- 소금 1작은술
- 다진 대파 1큰술
- 다진 마늘 1/2큰술
- 생강즙 1작은술
- 참기름 1작은술
- 참깨 1작은술
- 후춧가루 1/8작은술

만드는 법

재료 확인하기
1 꽃게, 소고기, 두부, 붉은 고추, 풋고추, 소금, 식용유, 석이버섯 등 확인하기

사용할 도구 선택하기
2 냄비, 나무젓가락 등을 선택하여 준비한다.

재료 계량하기
3 각각의 재료 분량을 컵과 계량스푼, 저울로 계량하기

재료 준비하기
4 꽃게는 솔로 문질러 깨끗하게 하여 등딱지를 뗀다. 게장과 게살을 발라내고 몸체는 밀대로 밀어 살을 발라낸다.
5 소고기는 핏물을 제거하고 곱게 다진다.
6 두부는 면포로 물기를 제거하고 곱게 다진다.
7 붉은 고추, 풋고추는 씨를 제거하고 4cm 길이로 곱게 채를 썬다.
8 석이버섯은 미지근한 물에 불려 손질하고, 곱게 채를 썬다.

양념장 만들기
9 분량의 재료를 섞어 양념을 만든다.

조리하기
10 붉은 고추, 풋고추는 달구어진 팬에 식용유를 두르고 소금 간을 하여 살짝 볶는다.
11 석이버섯은 참기름, 소금으로 버무려 살짝 볶는다.
12 꽃게살, 소고기, 두부를 합하여 소금, 대파, 마늘, 생강즙, 참기름, 참깨, 후춧가루를 넣어 양념을 한다.
13 꽃게 껍질 안쪽에 밀가루를 바르고 양념한 재료를 담고 밀가루를 바른 다음 달걀물을 입혀 팬에 지지고, 김이 오른 찜기에 10~15분 정도 찐다.

담아 완성하기
14 꽃게찜 담을 그릇을 선택한다.
15 꽃게찜을 그릇에 담고 쪄낸 꽃게 위에 풋고추, 석이버섯, 붉은 고추 순으로 고명을 얹는다.

학습
평가

| 평가자 체크리스트

학습내용	평가 항목	성취수준		
		상	중	하
찜, 선 재료 준비 및 계량	찜, 선의 종류에 따른 도구를 선택하는 능력			
	재료에 따른 계량 능력			
	찜, 선에 적합한 재료 전처리 능력			
찜, 선 양념장 제조	양념의 특성에 맞는 썰기 능력			
	비율을 고려하여 양념장을 만드는 능력			
찜, 선 조리	메뉴에 따라 물과 양념장의 양을 조절하는 능력			
	양념을 하여 재워 두는 능력			
	메뉴에 따라 가열시간을 조절하는 능력			
	찜과 선에 어울리는 고명을 만드는 능력			
찜, 선 그릇 선택	메뉴에 따라 그릇을 선택할 수 있다.			
찜, 선 제공	찜, 선에 따라 국물을 조절하여 담아내는 능력			
	고명을 음식과 조화롭게 올리는 능력			
	겨자장, 초간장 등을 곁들이는 능력.			

| 서술형 시험

학습내용	평가 항목	성취수준		
		상	중	하
찜, 선 재료 준비 및 계량	찜, 선의 종류에 따른 도구를 선택하는 방법			
	재료에 따른 계량 방법			
	찜, 선에 적합한 재료 전처리 방법			
찜, 선 양념장 제조	양념의 특성에 맞는 썰기 방법			
	비율을 고려하여 양념장을 만드는 방법			
찜, 선 조리	조리법에 따라 재료를 양념하여 재워 두는 이유와 방법			
	찜과 선을 만들기 위해 재료를 조리하는 방법			
	고유의 색과 형태를 유지하는 불조절 방법			
	고명을 사용하는 목적과 고명을 선택하는 방법			
찜, 선 그릇 선택	찜, 선의 그릇을 고르는 방법			
찜, 선 제공	국물의 양을 결정하는 방법			
	찜과 선에 어울리는 고명을 준비하는 방법			
	겨자장과 초간장을 만드는 방법			

작업장 평가

학습내용	평가 항목	성취수준		
		상	중	하
찜, 선 재료 준비 및 계량	찜, 선의 종류에 따른 도구를 준비하는 능력			
	재료에 따른 계량 능력			
	찜, 선에 적합한 재료 전처리 능력			
찜, 선 양념장 제조	양념의 특성에 맞게 썰어 준비하는 능력			
	양념장을 만드는 능력			
찜, 선 조리	메뉴에 따라 물과 양념장의 양을 조절하는 능력			
	양념을 하여 재워 두는 능력			
	메뉴에 따라 불의 세기를 조절하는 능력			
	찜과 선의 고명을 만들고 익힘 정도를 조절하는 능력			
찜, 선 그릇 선택	계절을 고려하여 그릇을 선택하는 능력			
찜, 선 제공	국물을 고려하는 담는 능력			
	메뉴에 따른 주재료와 부재료를 조화롭게 담는 방법			
	겨자장, 초고추장을 곁들여 담는 능력			

학습자 완성품 사진

오징어찜

재료

- 물오징어 2마리
- 두부 70g
- 소고기 70g
- 숙주 70g
- 풋고추 2개
- 붉은 고추 1개
- 밀가루 2큰술

소금물
- 물 2컵
- 소금 1작은술

양념
- 소금 2/3작은술
- 다진 대파 2작은술
- 다진 마늘 2작은술
- 깨소금 1작은술
- 참기름 1작은술
- 후추 약간

양념장
- 진간장 1큰술
- 물 1큰술
- 설탕 1작은술
- 굵은 고춧가루 1/2큰술
- 다진 대파 1작은술
- 다진 마늘 1/2작은술
- 깨소금 1작은술
- 참기름 1작은술

만드는 법

재료 확인하기
1 오징어, 두부, 소고기, 숙주, 풋고추, 붉은 고추, 밀가루 등 확인하기

사용할 도구 선택하기
2 냄비, 찜기, 나무젓가락 등을 선택하여 준비한다.

재료 계량하기
3 각각의 재료 분량을 컵과 계량스푼, 저울로 계량하기

재료 준비하기
4 오징어는 다리를 당겨 내장을 떼어내고 속을 깨끗이 씻고, 오징어 껍질을 벗긴 다음, 다리는 끓는 물에 살짝 데쳐 송송 썬다.
5 두부는 으깨어 물기를 짜고 소고기는 곱게 다진다.
6 숙주는 깨끗이 씻는다.
7 풋고추, 붉은 고추는 씨를 제거하고 송송 썬다.

양념장 만들기
8 분량의 재료를 섞어 양념을 만든다.
9 분량의 재료를 섞어 양념장을 만든다.

조리하기
10 숙주는 끓는 소금물에 데쳐 송송 썰어 물기를 짠다.
11 오징어 다리, 두부, 소고기, 숙주, 고추를 합하여 파, 마늘, 깨소금, 참기름을 넣고 소금, 후추로 간을 하여 고루 섞는다.
12 오징어의 몸통 속 물기를 제거하고 밀가루를 묻힌 다음, 오징어의 몸통 2/3 정도만 소를 채워 넣고 꼬치로 꽂는다. 오징어 몸통에 꼬치를 이용해 구멍을 몇 가운데 낸다.
13 김이 오른 찜통에 넣어 8~10분간 찐다. 뜨거울 때 꼬치를 뺀다.
14 1.5cm 두께로 오징어찜을 썬다.

담아 완성하기
15 오징어찜 담을 그릇을 선택한다.
16 오징어찜을 그릇에 따뜻하게 담고 양념장을 곁들여낸다.

학습
평가

| 평가자 체크리스트

학습내용	평가 항목	성취수준		
		상	중	하
찜, 선 재료 준비 및 계량	찜, 선의 종류에 따른 도구를 선택하는 능력			
	재료에 따른 계량 능력			
	찜, 선에 적합한 재료 전처리 능력			
찜, 선 양념장 제조	양념의 특성에 맞는 썰기 능력			
	비율을 고려하여 양념장을 만드는 능력			
찜, 선 조리	메뉴에 따라 물과 양념장의 양을 조절하는 능력			
	양념을 하여 재워 두는 능력			
	메뉴에 따라 가열시간을 조절하는 능력			
	찜과 선에 어울리는 고명을 만드는 능력			
찜, 선 그릇 선택	메뉴에 따라 그릇을 선택할 수 있다.			
찜, 선 제공	찜, 선에 따라 국물을 조절하여 담아내는 능력			
	고명을 음식과 조화롭게 올리는 능력			
	겨자장, 초간장 등을 곁들이는 능력.			

| 서술형 시험

학습내용	평가 항목	성취수준		
		상	중	하
찜, 선 재료 준비 및 계량	찜, 선의 종류에 따른 도구를 선택하는 방법			
	재료에 따른 계량 방법			
	찜, 선에 적합한 재료 전처리 방법			
찜, 선 양념장 제조	양념의 특성에 맞는 썰기 방법			
	비율을 고려하여 양념장을 만드는 방법			
찜, 선 조리	조리법에 따라 재료를 양념하여 재워 두는 이유와 방법			
	찜과 선을 만들기 위해 재료를 조리하는 방법			
	고유의 색과 형태를 유지하는 불조절 방법			
	고명을 사용하는 목적과 고명을 선택하는 방법			
찜, 선 그릇 선택	찜, 선의 그릇을 고르는 방법			
찜, 선 제공	국물의 양을 결정하는 방법			
	찜과 선에 어울리는 고명을 준비하는 방법			
	겨자장과 초간장을 만드는 방법			

작업장 평가

학습내용	평가 항목	성취수준		
		상	중	하
찜, 선 재료 준비 및 계량	찜, 선의 종류에 따른 도구를 준비하는 능력			
	재료에 따른 계량 능력			
	찜, 선에 적합한 재료 전처리 능력			
찜, 선 양념장 제조	양념의 특성에 맞게 썰어 준비하는 능력			
	양념장을 만드는 능력			
찜, 선 조리	메뉴에 따라 물과 양념장의 양을 조절하는 능력			
	양념을 하여 재워 두는 능력			
	메뉴에 따라 불의 세기를 조절하는 능력			
	찜과 선의 고명을 만들고 익힘 정도를 조절하는 능력			
찜, 선 그릇 선택	계절을 고려하여 그릇을 선택하는 능력			
찜, 선 제공	국물을 고려하는 담는 능력			
	메뉴에 따른 주재료와 부재료를 조화롭게 담는 방법			
	겨자장, 초고추장을 곁들여 담는 능력			

학습자 완성품 사진

죽순찜

재료

- 죽순 200g
- 소고기 사태 70g
- 국간장 1작은술
- 다진 마늘 1/2작은술
- 소금 1/2작은술
- 소고기 우둔 20g
- 마른 표고버섯 1개
- 석이버섯 1장
- 참기름 1/6작은술
- 소금 1/8작은술
- 달걀 1개
- 소금 약간
- 식용유 약간
- 실고추 약간

소금물
- 물 1컵
- 소금 1/3작은술

고기양념
- 간장 1작은술
- 설탕 1/2작은술
- 다진 대파 1작은술
- 다진 마늘 1/2작은술
- 참기름 1작은술
- 참깨 1/4작은술
- 후춧가루 1/8작은술

만드는 법

재료 확인하기
1 죽순, 소고기 사태, 국간장, 다진 마늘, 소고기 우둔, 표고버섯 등 확인하기

사용할 도구 선택하기
2 냄비, 프라이팬, 나무젓가락 등을 선택하여 준비한다.

재료 계량하기
3 각각의 재료 분량을 컵과 계량스푼, 저울로 계량하기

재료 준비하기
4 죽순은 2cm 간격으로 칼집을 3번 넣는다. 끓는 소금물에 살짝 데쳐 찬물에 헹군다.
5 소고기 사태는 찬물에 담가 핏물을 뺀다.
6 소고기 우둔은 핏물을 제거하고 곱게 채 썬다.
7 마른 표고버섯은 미지근한 물에 불려 곱게 채 썬다.
8 석이버섯은 미지근한 물에 불려 손질하고 곱게 채 썬다.
9 실고추는 2cm 길이로 자른다.

양념장 만들기
10 분량의 재료를 섞어 고기양념을 만든다.

조리하기
11 냄비에 사태, 물을 넣어 삶는다. 간장, 다진 마늘, 소금으로 간을 한다.
12 소고기 우둔과 표고버섯은 고기양념을 하여 각각 볶는다.
13 석이버섯은 참기름과 소금으로 양념하여 볶는다.
14 달걀은 황·백으로 지단을 부쳐 2cm 길이로 채를 썬다.
15 죽순 칼집 사이에 고기, 표고, 지단, 실고추를 꽂고, 소고기 육수에 넣어 자작하게 끓인다.

담아 완성하기
16 죽순찜 담을 그릇을 선택한다.
17 죽순찜을 그릇에 따뜻하게 담는다.

학습 평가

▌평가자 체크리스트

학습내용	평가 항목	성취수준 상	중	하
찜, 선 재료 준비 및 계량	찜, 선의 종류에 따른 도구를 선택하는 능력			
	재료에 따른 계량 능력			
	찜, 선에 적합한 재료 전처리 능력			
찜, 선 양념장 제조	양념의 특성에 맞는 썰기 능력			
	비율을 고려하여 양념장을 만드는 능력			
찜, 선 조리	메뉴에 따라 물과 양념장의 양을 조절하는 능력			
	양념을 하여 재워 두는 능력			
	메뉴에 따라 가열시간을 조절하는 능력			
	찜과 선에 어울리는 고명을 만드는 능력			
찜, 선 그릇 선택	메뉴에 따라 그릇을 선택할 수 있다.			
찜, 선 제공	찜, 선에 따라 국물을 조절하여 담아내는 능력			
	고명을 음식과 조화롭게 올리는 능력			
	겨자장, 초간장 등을 곁들이는 능력.			

▌서술형 시험

학습내용	평가 항목	성취수준 상	중	하
찜, 선 재료 준비 및 계량	찜, 선의 종류에 따른 도구를 선택하는 방법			
	재료에 따른 계량 방법			
	찜, 선에 적합한 재료 전처리 방법			
찜, 선 양념장 제조	양념의 특성에 맞는 썰기 방법			
	비율을 고려하여 양념장을 만드는 방법			
찜, 선 조리	조리법에 따라 재료를 양념하여 재워 두는 이유와 방법			
	찜과 선을 만들기 위해 재료를 조리하는 방법			
	고유의 색과 형태를 유지하는 불조절 방법			
	고명을 사용하는 목적과 고명을 선택하는 방법			
찜, 선 그릇 선택	찜, 선의 그릇을 고르는 방법			
찜, 선 제공	국물의 양을 결정하는 방법			
	찜과 선에 어울리는 고명을 준비하는 방법			
	겨자장과 초간장을 만드는 방법			

작업장 평가

학습내용	평가 항목	성취수준		
		상	중	하
찜, 선 재료 준비 및 계량	찜, 선의 종류에 따른 도구를 준비하는 능력			
	재료에 따른 계량 능력			
	찜, 선에 적합한 재료 전처리 능력			
찜, 선 양념장 제조	양념의 특성에 맞게 썰어 준비하는 능력			
	양념장을 만드는 능력			
찜, 선 조리	메뉴에 따라 물과 양념장의 양을 조절하는 능력			
	양념을 하여 재워 두는 능력			
	메뉴에 따라 불의 세기를 조절하는 능력			
	찜과 선의 고명을 만들고 익힘 정도를 조절하는 능력			
찜, 선 그릇 선택	계절을 고려하여 그릇을 선택하는 능력			
찜, 선 제공	국물을 고려하는 담는 능력			
	메뉴에 따른 주재료와 부재료를 조화롭게 담는 방법			
	겨자장, 초고추장을 곁들여 담는 능력			

학습자 완성품 사진

대합찜

재료

- 대합 3개
- 조갯살 100g
- 청주 약간
- 다진 소고기 50g
- 두부 50g
- 밀가루 3큰술
- 달걀 1개
- 붉은 고추 1개
- 식용유 적량
- 초간장 약간

소양념

- 소금 1/2작은술
- 설탕 1작은술
- 다진 대파 1작은술
- 다진 마늘 1/2작은술
- 깨소금 1/2작은술
- 참기름 1/2작은술
- 후춧가루 약간

만드는 법

재료 확인하기

1 대합, 조갯살, 청주, 소고기, 밀가루, 달걀, 식용유 등 확인하기

사용할 도구 선택하기

2 냄비, 찜기, 나무젓가락 등을 선택하여 준비한다.

재료 계량하기

3 각각의 재료 분량을 컵과 계량스푼, 저울로 계량하기

재료 준비하기

4 냄비에 물을 조금 넣고 대합 씻은 것을 넣어 불에 올린다. 입이 벌어지면 바로 불을 끄고 대합살을 발라낸다. 조갯살은 곱게 다지고, 껍데기는 깨끗이 씻어 놓는다.

5 두부의 물기를 제거하고 곱게 으깬다.

6 다진 소고기는 핏물을 제거한다.

7 달걀은 삶아 흰자, 노른자를 구분하여 체에 내린다.

8 붉은 고추는 반을 갈라 씨를 제거하고 곱게 다진다.

양념장 만들기

9 재료를 모두 섞어 양념을 만든다.

조리하기

10 으깬 두부, 다진 소고기, 다진 조갯살을 잘 버무려 소양념을 한다.

11 대합 껍데기의 안쪽에 기름을 얇게 바르고 밀가루를 살짝 뿌려 소를 채운다. 윗면을 고르게 하여 김이 오른 찜기에서 10분 정도 찐다.

12 쪄진 대합에 노른자, 붉은 고추, 흰자를 고명을 하여 한 김을 더 찐다.

담아 완성하기

13 대합찜 담을 그릇을 선택한다.

14 대합찜을 따뜻하게 담는다. 초간장을 곁들인다.

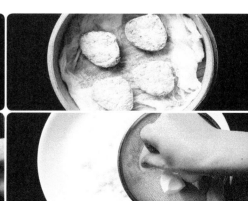

학습 평가

| 평가자 체크리스트

학습내용	평가 항목	성취수준		
		상	중	하
찜, 선 재료 준비 및 계량	찜, 선의 종류에 따른 도구를 선택하는 능력			
	재료에 따른 계량 능력			
	찜, 선에 적합한 재료 전처리 능력			
찜, 선 양념장 제조	양념의 특성에 맞는 썰기 능력			
	비율을 고려하여 양념장을 만드는 능력			
찜, 선 조리	메뉴에 따라 물과 양념장의 양을 조절하는 능력			
	양념을 하여 재워 두는 능력			
	메뉴에 따라 가열시간을 조절하는 능력			
	찜과 선에 어울리는 고명을 만드는 능력			
찜, 선 그릇 선택	메뉴에 따라 그릇을 선택할 수 있다.			
찜, 선 제공	찜, 선에 따라 국물을 조절하여 담아내는 능력			
	고명을 음식과 조화롭게 올리는 능력			
	겨자장, 초간장 등을 곁들이는 능력.			

| 서술형 시험

학습내용	평가 항목	성취수준		
		상	중	하
찜, 선 재료 준비 및 계량	찜, 선의 종류에 따른 도구를 선택하는 방법			
	재료에 따른 계량 방법			
	찜, 선에 적합한 재료 전처리 방법			
찜, 선 양념장 제조	양념의 특성에 맞는 썰기 방법			
	비율을 고려하여 양념장을 만드는 방법			
찜, 선 조리	조리법에 따라 재료를 양념하여 재워 두는 이유와 방법			
	찜과 선을 만들기 위해 재료를 조리하는 방법			
	고유의 색과 형태를 유지하는 불조절 방법			
	고명을 사용하는 목적과 고명을 선택하는 방법			
찜, 선 그릇 선택	찜, 선의 그릇을 고르는 방법			
찜, 선 제공	국물의 양을 결정하는 방법			
	찜과 선에 어울리는 고명을 준비하는 방법			
	겨자장과 초간장을 만드는 방법			

작업장 평가

학습내용	평가 항목	성취수준		
		상	중	하
찜, 선 재료 준비 및 계량	찜, 선의 종류에 따른 도구를 준비하는 능력			
	재료에 따른 계량 능력			
	찜, 선에 적합한 재료 전처리 능력			
찜, 선 양념장 제조	양념의 특성에 맞게 썰어 준비하는 능력			
	양념장을 만드는 능력			
찜, 선 조리	메뉴에 따라 물과 양념장의 양을 조절하는 능력			
	양념을 하여 재워 두는 능력			
	메뉴에 따라 불의 세기를 조절하는 능력			
	찜과 선의 고명을 만들고 익힘 정도를 조절하는 능력			
찜, 선 그릇 선택	계절을 고려하여 그릇을 선택하는 능력			
찜, 선 제공	국물을 고려하는 담는 능력			
	메뉴에 따른 주재료와 부재료를 조화롭게 담는 방법			
	겨자장, 초고추장을 곁들여 담는 능력			

학습자 완성품 사진

영계찜

- 영계 1마리
- 다진 소고기 70g
- 숙주 80g
- 두부 50g
- 석이버섯 2g
- 불린 표고버섯 2장
- 달걀 1개
- 녹두녹말 1큰술
- 잣가루 1작은술

찜양념

- 간장 1큰술
- 설탕 1작은술
- 다진 대파 1/2큰술
- 다진 마늘 1작은술
- 생강즙 1작은술
- 참기름 1/2큰술
- 참깨 1/2작은술
- 후춧가루 약간

재료 확인하기

1 영계, 다진 소고기, 숙주, 두부, 석이버섯, 불린 표고버섯, 달걀 등을 확인한다.

사용할 도구 선택하기

2 냄비, 프라이팬, 나무젓가락 등을 선택하여 준비한다.

재료 계량하기

3 각각의 재료 분량을 컵과 계량스푼, 저울로 계량하기

재료 준비하기

4 영계를 깨끗이 씻어 놓는다.
5 숙주는 깨끗이 씻는다.
6 석이버섯은 미지근한 물에 불려 손질하고 곱게 채 썬다.
7 표고버섯은 물에 불려 깨끗이 손질해서 채 썬다.
8 소고기는 핏물을 제거한다.
9 두부는 물기를 제거하고 으깬다.

양념장 만들기

10 분량의 재료를 섞어 찜양념을 만든다.

조리하기

11 끓는 물에 숙주를 살짝 데쳐 찬물에 헹구어 송송 썰고 물기를 짠다.
12 석이버섯은 참기름, 소금을 버무려 살짝 볶는다.
13 다진 소고기, 두부, 숙주, 표고버섯, 달걀물 3큰술, 전분을 고루 섞어 찜양념으로 버무린다.
14 영계 배 속에 양념한 재료를 넣고 다리를 꼰다.
15 김이 오른 찜기에 1시간 찐다.

담아 완성하기

16 영계찜 담을 그릇을 선택한다.
17 영계찜을 따뜻하게 담고 석이버섯, 잣가루를 고명으로 얹는다.

평가자 체크리스트

학습내용	평가 항목	성취수준		
		상	중	하
찜, 선 재료 준비 및 계량	찜, 선의 종류에 따른 도구를 선택하는 능력			
	재료에 따른 계량 능력			
	찜, 선에 적합한 재료 전처리 능력			
찜, 선 양념장 제조	양념의 특성에 맞는 썰기 능력			
	비율을 고려하여 양념장을 만드는 능력			
찜, 선 조리	메뉴에 따라 물과 양념장의 양을 조절하는 능력			
	양념을 하여 재워 두는 능력			
	메뉴에 따라 가열시간을 조절하는 능력			
	찜과 선에 어울리는 고명을 만드는 능력			
찜, 선 그릇 선택	메뉴에 따라 그릇을 선택할 수 있다.			
찜, 선 제공	찜, 선에 따라 국물을 조절하여 담아내는 능력			
	고명을 음식과 조화롭게 올리는 능력			
	겨자장, 초간장 등을 곁들이는 능력.			

서술형 시험

학습내용	평가 항목	성취수준		
		상	중	하
찜, 선 재료 준비 및 계량	찜, 선의 종류에 따른 도구를 선택하는 방법			
	재료에 따른 계량 방법			
	찜, 선에 적합한 재료 전처리 방법			
찜, 선 양념장 제조	양념의 특성에 맞는 썰기 방법			
	비율을 고려하여 양념장을 만드는 방법			
찜, 선 조리	조리법에 따라 재료를 양념하여 재워 두는 이유와 방법			
	찜과 선을 만들기 위해 재료를 조리하는 방법			
	고유의 색과 형태를 유지하는 불조절 방법			
	고명을 사용하는 목적과 고명을 선택하는 방법			
찜, 선 그릇 선택	찜, 선의 그릇을 고르는 방법			
찜, 선 제공	국물의 양을 결정하는 방법			
	찜과 선에 어울리는 고명을 준비하는 방법			
	겨자장과 초간장을 만드는 방법			

작업장 평가

학습내용	평가 항목	성취수준		
		상	중	하
찜, 선 재료 준비 및 계량	찜, 선의 종류에 따른 도구를 준비하는 능력			
	재료에 따른 계량 능력			
	찜, 선에 적합한 재료 전처리 능력			
찜, 선 양념장 제조	양념의 특성에 맞게 썰어 준비하는 능력			
	양념장을 만드는 능력			
찜, 선 조리	메뉴에 따라 물과 양념장의 양을 조절하는 능력			
	양념을 하여 재워 두는 능력			
	메뉴에 따라 불의 세기를 조절하는 능력			
	찜과 선의 고명을 만들고 익힘 정도를 조절하는 능력			
찜, 선 그릇 선택	계절을 고려하여 그릇을 선택하는 능력			
찜, 선 제공	국물을 고려하는 담는 능력			
	메뉴에 따른 주재료와 부재료를 조화롭게 담는 방법			
	겨자장, 초고추장을 곁들여 담는 능력			

학습자 완성품 사진

꽈리고추찜

재료

- 꽈리고추 70g
- 밀가루 3큰술
- 꼬치 1개

양념장
- 간장 2작은술
- 설탕 1작은술
- 다진 대파 1작은술
- 다진 마늘 1/2작은술
- 참기름 1작은술
- 참깨 1/4작은술
- 후춧가루 1/8작은술
- 굵은 고춧가루 1작은술

만드는 법

재료 확인하기
1 꽈리고추, 밀가루, 꼬치, 간장, 설탕 등 확인하기

사용할 도구 선택하기
2 냄비, 찜기, 나무젓가락 등을 선택하여 준비한다.

재료 계량하기
3 각각의 재료 분량을 컵과 계량스푼, 저울로 계량하기

재료 준비하기
4 꽈리고추는 꼭지를 따고 씻는다. 꼬치로 3~4곳에 구멍을 낸다.
5 꽈리고추에 밀가루를 버무린다.

양념장 만들기
6 분량의 재료를 섞어 양념장을 만든다.

조리하기
7 김이 오른 찜기에 8분 정도 찐다.
8 쪄낸 꽈리고추는 양념장에 버무린다.

담아 완성하기
9 꽈리고추찜 담을 그릇을 선택한다.
10 꽈리고추찜을 먹음직스럽게 담는다.

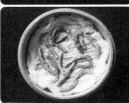

학습 평가

| 평가자 체크리스트

학습내용	평가 항목	성취수준		
		상	중	하
찜, 선 재료 준비 및 계량	찜, 선의 종류에 따른 도구를 선택하는 능력			
	재료에 따른 계량 능력			
	찜, 선에 적합한 재료 전처리 능력			
찜, 선 양념장 제조	양념의 특성에 맞는 썰기 능력			
	비율을 고려하여 양념장을 만드는 능력			
찜, 선 조리	메뉴에 따라 물과 양념장의 양을 조절하는 능력			
	양념을 하여 재워 두는 능력			
	메뉴에 따라 가열시간을 조절하는 능력			
	찜과 선에 어울리는 고명을 만드는 능력			
찜, 선 그릇 선택	메뉴에 따라 그릇을 선택할 수 있다.			
찜, 선 제공	찜, 선에 따라 국물을 조절하여 담아내는 능력			
	고명을 음식과 조화롭게 올리는 능력			
	겨자장, 초간장 등을 곁들이는 능력.			

| 서술형 시험

학습내용	평가 항목	성취수준		
		상	중	하
찜, 선 재료 준비 및 계량	찜, 선의 종류에 따른 도구를 선택하는 방법			
	재료에 따른 계량 방법			
	찜, 선에 적합한 재료 전처리 방법			
찜, 선 양념장 제조	양념의 특성에 맞는 썰기 방법			
	비율을 고려하여 양념장을 만드는 방법			
찜, 선 조리	조리법에 따라 재료를 양념하여 재워 두는 이유와 방법			
	찜과 선을 만들기 위해 재료를 조리하는 방법			
	고유의 색과 형태를 유지하는 불조절 방법			
	고명을 사용하는 목적과 고명을 선택하는 방법			
찜, 선 그릇 선택	찜, 선의 그릇을 고르는 방법			
찜, 선 제공	국물의 양을 결정하는 방법			
	찜과 선에 어울리는 고명을 준비하는 방법			
	겨자장과 초간장을 만드는 방법			

작업장 평가

학습내용	평가 항목	성취수준		
		상	중	하
찜, 선 재료 준비 및 계량	찜, 선의 종류에 따른 도구를 준비하는 능력			
	재료에 따른 계량 능력			
	찜, 선에 적합한 재료 전처리 능력			
찜, 선 양념장 제조	양념의 특성에 맞게 썰어 준비하는 능력			
	양념장을 만드는 능력			
찜, 선 조리	메뉴에 따라 물과 양념장의 양을 조절하는 능력			
	양념을 하여 재워 두는 능력			
	메뉴에 따라 불의 세기를 조절하는 능력			
	찜과 선의 고명을 만들고 익힘 정도를 조절하는 능력			
찜, 선 그릇 선택	계절을 고려하여 그릇을 선택하는 능력			
찜, 선 제공	국물을 고려하는 담는 능력			
	메뉴에 따른 주재료와 부재료를 조화롭게 담는 방법			
	겨자장, 초고추장을 곁들여 담는 능력			

학습자 완성품 사진

수란

재료

- 달걀 4개
- 참기름 1작은술
- 물 3컵
- 소금 1작은술
- 석이버섯 1장
- 실고추 1g
- 실파 3g

만드는 법

재료 확인하기
1 달걀, 참기름, 물, 소금, 석이버섯, 실고추 등 확인하기

사용할 도구 선택하기
2 냄비, 국자, 나무젓가락 등을 선택하여 준비한다.

재료 계량하기
3 각각의 재료 분량을 컵과 계량스푼, 저울로 계량하기

재료 준비하기
4 달걀은 작은 그릇에 하나씩 깨뜨려 담아 놓는다.
5 석이버섯은 미지근한 물에 불려 손질하고 곱게 채를 썬다.
6 실고추는 1cm로 잘라놓고, 실파도 1cm로 채를 썬다.

조리하기
7 석이버섯은 소금, 참기름에 버무려 살짝 볶는다.
8 물에 소금을 넣고 펄펄 끓으면 불을 약하게 줄인다.
9 수란기 혹은 국자에 참기름을 고르게 바른 후 깬 달걀을 가만히 넣고 국자 자루를 손으로 잡고 뜨거운 물에 반쯤 잠기도록 하여 익힌다.
10 달걀 흰자가 익으면 국자를 끓는 물 속에 잠깐 담가 노른자가 살짝 익을 정도 두었다가 건진다.
11 뜨거울 때 소금을 약간 뿌린다.

담아 완성하기
12 수란 담을 그릇을 선택한다.
13 그릇에 수란을 담고 석이버섯, 실파, 실고추를 고명으로 얹는다.

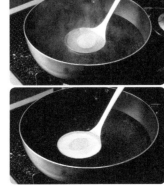

학습
평가

| 평가자 체크리스트

학습내용	평가 항목	성취수준		
		상	중	하
찜, 선 재료 준비 및 계량	찜, 선의 종류에 따른 도구를 선택하는 능력			
	재료에 따른 계량 능력			
	찜, 선에 적합한 재료 전처리 능력			
찜, 선 양념장 제조	양념의 특성에 맞는 썰기 능력			
	비율을 고려하여 양념장을 만드는 능력			
찜, 선 조리	메뉴에 따라 물과 양념장의 양을 조절하는 능력			
	양념을 하여 재워 두는 능력			
	메뉴에 따라 가열시간을 조절하는 능력			
	찜과 선에 어울리는 고명을 만드는 능력			
찜, 선 그릇 선택	메뉴에 따라 그릇을 선택할 수 있다.			
찜, 선 제공	찜, 선에 따라 국물을 조절하여 담아내는 능력			
	고명을 음식과 조화롭게 올리는 능력			
	겨자장, 초간장 등을 곁들이는 능력.			

| 서술형 시험

학습내용	평가 항목	성취수준		
		상	중	하
찜, 선 재료 준비 및 계량	찜, 선의 종류에 따른 도구를 선택하는 방법			
	재료에 따른 계량 방법			
	찜, 선에 적합한 재료 전처리 방법			
찜, 선 양념장 제조	양념의 특성에 맞는 썰기 방법			
	비율을 고려하여 양념장을 만드는 방법			
찜, 선 조리	조리법에 따라 재료를 양념하여 재워 두는 이유와 방법			
	찜과 선을 만들기 위해 재료를 조리하는 방법			
	고유의 색과 형태를 유지하는 불조절 방법			
	고명을 사용하는 목적과 고명을 선택하는 방법			
찜, 선 그릇 선택	찜, 선의 그릇을 고르는 방법			
찜, 선 제공	국물의 양을 결정하는 방법			
	찜과 선에 어울리는 고명을 준비하는 방법			
	겨자장과 초간장을 만드는 방법			

작업장 평가

학습내용	평가 항목	성취수준		
		상	중	하
찜, 선 재료 준비 및 계량	찜, 선의 종류에 따른 도구를 준비하는 능력			
	재료에 따른 계량 능력			
	찜, 선에 적합한 재료 전처리 능력			
찜, 선 양념장 제조	양념의 특성에 맞게 썰어 준비하는 능력			
	양념장을 만드는 능력			
찜, 선 조리	메뉴에 따라 물과 양념장의 양을 조절하는 능력			
	양념을 하여 재워 두는 능력			
	메뉴에 따라 불의 세기를 조절하는 능력			
	찜과 선의 고명을 만들고 익힘 정도를 조절하는 능력			
찜, 선 그릇 선택	계절을 고려하여 그릇을 선택하는 능력			
찜, 선 제공	국물을 고려하는 담는 능력			
	메뉴에 따른 주재료와 부재료를 조화롭게 담는 방법			
	겨자장, 초고추장을 곁들여 담는 능력			

학습자 완성품 사진

애호박콩가루찜

재료

- 애호박 1개
- 콩가루 4큰술

양념
- 고춧가루 1큰술
- 다진 대파 1작은술
- 다진 마늘 1/2작은술
- 간장 1큰술
- 참기름 2작은술
- 참깨 1작은술
- 설탕 2작은술
- 후춧가루 1/5작은술

만드는 법

재료 확인하기

1 애호박, 콩가루, 고춧가루, 대파, 마늘, 간장, 참기름 등 확인하기

사용할 도구 선택하기

2 냄비, 찜기, 나무젓가락 등을 선택하여 준비한다.

재료 계량하기

3 각각의 재료 분량을 컵과 계량스푼, 저울로 계량하기

재료 준비하기

4 애호박은 5cm 길이로 잘라 12등분으로 썬다.

양념하기

5 분량의 재료를 섞어 양념을 만든다.

조리하기

6 애호박에 콩가루를 버무려 김이 오른 찜기에 10분간 찐다.
7 쪄낸 애호박은 뜨거울 때 양념으로 고루 버무린다.

담아 완성하기

8 애호박콩가루찜 담을 그릇을 선택한다.
9 애호박콩가루찜을 그릇에 보기 좋게 담는다.

학습
평가

| 평가자 체크리스트

학습내용	평가 항목	성취수준		
		상	중	하
찜, 선 재료 준비 및 계량	찜, 선의 종류에 따른 도구를 선택하는 능력			
	재료에 따른 계량 능력			
	찜, 선에 적합한 재료 전처리 능력			
찜, 선 양념장 제조	양념의 특성에 맞는 썰기 능력			
	비율을 고려하여 양념장을 만드는 능력			
찜, 선 조리	메뉴에 따라 물과 양념장의 양을 조절하는 능력			
	양념을 하여 재워 두는 능력			
	메뉴에 따라 가열시간을 조절하는 능력			
	찜과 선에 어울리는 고명을 만드는 능력			
찜, 선 그릇 선택	메뉴에 따라 그릇을 선택할 수 있다.			
찜, 선 제공	찜, 선에 따라 국물을 조절하여 담아내는 능력			
	고명을 음식과 조화롭게 올리는 능력			
	겨자장, 초간장 등을 곁들이는 능력.			

| 서술형 시험

학습내용	평가 항목	성취수준		
		상	중	하
찜, 선 재료 준비 및 계량	찜, 선의 종류에 따른 도구를 선택하는 방법			
	재료에 따른 계량 방법			
	찜, 선에 적합한 재료 전처리 방법			
찜, 선 양념장 제조	양념의 특성에 맞는 썰기 방법			
	비율을 고려하여 양념장을 만드는 방법			
찜, 선 조리	조리법에 따라 재료를 양념하여 재워 두는 이유와 방법			
	찜과 선을 만들기 위해 재료를 조리하는 방법			
	고유의 색과 형태를 유지하는 불조절 방법			
	고명을 사용하는 목적과 고명을 선택하는 방법			
찜, 선 그릇 선택	찜, 선의 그릇을 고르는 방법			
찜, 선 제공	국물의 양을 결정하는 방법			
	찜과 선에 어울리는 고명을 준비하는 방법			
	겨자장과 초간장을 만드는 방법			

작업장 평가

학습내용	평가 항목	성취수준		
		상	중	하
찜, 선 재료 준비 및 계량	찜, 선의 종류에 따른 도구를 준비하는 능력			
	재료에 따른 계량 능력			
	찜, 선에 적합한 재료 전처리 능력			
찜, 선 양념장 제조	양념의 특성에 맞게 썰어 준비하는 능력			
	양념장을 만드는 능력			
찜, 선 조리	메뉴에 따라 물과 양념장의 양을 조절하는 능력			
	양념을 하여 재워 두는 능력			
	메뉴에 따라 불의 세기를 조절하는 능력			
	찜과 선의 고명을 만들고 익힘 정도를 조절하는 능력			
찜, 선 그릇 선택	계절을 고려하여 그릇을 선택하는 능력			
찜, 선 제공	국물을 고려하는 담는 능력			
	메뉴에 따른 주재료와 부재료를 조화롭게 담는 방법			
	겨자장, 초고추장을 곁들여 담는 능력			

학습자 완성품 사진

돼지갈비찜

재료

- 돼지갈비(5cm 토막) 200g
- 감자 80g
- 당근(7cm 길이 정도) 50g
- 대파(흰 부분, 4cm) 20g
- 깐 마늘 10g
- 생강 10g
- 진간장 40ml
- 흰 설탕 20g
- 후춧가루 2g
- 깨소금 5g
- 참기름 5ml
- 양파 50g
- 붉은 고추 1/2개

만드는 법

재료 확인하기
1 돼지갈비, 감자, 당근, 대파, 깐 마늘, 생강 등 확인하기

사용할 도구 선택하기
2 냄비, 프라이팬, 나무젓가락 등을 선택하여 준비한다.

재료 계량하기
3 각각의 재료 분량을 컵과 계량스푼, 저울로 계량하기

재료 준비하기
4 돼지갈비는 5cm 크기로 준비하여 칼집을 넣고 찬물에 담가 핏물을 뺀다.
5 감자, 당근은 사방 3cm 크기로 썰어 모서리를 다듬는다.
6 양파는 2cm 크기로 채를 썬다.
7 붉은 고추는 어슷썰기하여 씨를 제거한다.

양념장 만들기
8 분량의 재료를 섞어 양념장을 만든다.

조리하기
9 끓는 물에 돼지갈비를 넣고 데쳐, 찬물에 헹군다.
10 데친 돼지갈비에 양념장 2/3컵과 물 1컵을 넣고 센 불에서 끓이다가 중불로 줄여 끓인다.
11 갈비가 잘 익으면 감자, 당근을 넣고 익힌다. 양파와 나머지 양념장을 넣고 국물을 끼얹어가며 윤기나게 조린다.

담아 완성하기
12 돼지갈비찜 담을 그릇을 선택한다.
13 돼지갈비찜을 국물과 함께 담는다.

▎ 평가자 체크리스트

학습내용	평가 항목	성취수준		
		상	중	하
찜, 선 재료 준비 및 계량	찜, 선의 종류에 따른 도구를 선택하는 능력			
	재료에 따른 계량 능력			
	찜, 선에 적합한 재료 전처리 능력			
찜, 선 양념장 제조	양념의 특성에 맞는 썰기 능력			
	비율을 고려하여 양념장을 만드는 능력			
찜, 선 조리	메뉴에 따라 물과 양념장의 양을 조절하는 능력			
	양념을 하여 재워 두는 능력			
	메뉴에 따라 가열시간을 조절하는 능력			
	찜과 선에 어울리는 고명을 만드는 능력			
찜, 선 그릇 선택	메뉴에 따라 그릇을 선택할 수 있다.			
찜, 선 제공	찜, 선에 따라 국물을 조절하여 담아내는 능력			
	고명을 음식과 조화롭게 올리는 능력			
	겨자장, 초간장 등을 곁들이는 능력.			

▎ 서술형 시험

학습내용	평가 항목	성취수준		
		상	중	하
찜, 선 재료 준비 및 계량	찜, 선의 종류에 따른 도구를 선택하는 방법			
	재료에 따른 계량 방법			
	찜, 선에 적합한 재료 전처리 방법			
찜, 선 양념장 제조	양념의 특성에 맞는 썰기 방법			
	비율을 고려하여 양념장을 만드는 방법			
찜, 선 조리	조리법에 따라 재료를 양념하여 재워 두는 이유와 방법			
	찜과 선을 만들기 위해 재료를 조리하는 방법			
	고유의 색과 형태를 유지하는 불조절 방법			
	고명을 사용하는 목적과 고명을 선택하는 방법			
찜, 선 그릇 선택	찜, 선의 그릇을 고르는 방법			
찜, 선 제공	국물의 양을 결정하는 방법			
	찜과 선에 어울리는 고명을 준비하는 방법			
	겨자장과 초간장을 만드는 방법			

작업장 평가

학습내용	평가 항목	성취수준		
		상	중	하
찜, 선 재료 준비 및 계량	찜, 선의 종류에 따른 도구를 준비하는 능력			
	재료에 따른 계량 능력			
	찜, 선에 적합한 재료 전처리 능력			
찜, 선 양념장 제조	양념의 특성에 맞게 썰어 준비하는 능력			
	양념장을 만드는 능력			
찜, 선 조리	메뉴에 따라 물과 양념장의 양을 조절하는 능력			
	양념을 하여 재워 두는 능력			
	메뉴에 따라 불의 세기를 조절하는 능력			
	찜과 선의 고명을 만들고 익힘 정도를 조절하는 능력			
찜, 선 그릇 선택	계절을 고려하여 그릇을 선택하는 능력			
찜, 선 제공	국물을 고려하는 담는 능력			
	메뉴에 따른 주재료와 부재료를 조화롭게 담는 방법			
	겨자장, 초고추장을 곁들여 담는 능력			

학습자 완성품 사진

북어찜

재료

- 북어포(반을 갈라 말린 껍질 있는 것 40g) 1마리
- 진간장 30ml
- 흰 설탕 10g
- 대파(흰 부분, 4cm) 20g
- 깐 마늘 10g
- 생강 5g
- 후춧가루 2g
- 깨소금 5g
- 참기름 5ml
- 실고추(길이 10cm, 1~2줄기) 1g

만드는 법

재료 확인하기

1 북어포, 진간장, 흰 설탕, 대파, 깐 마늘, 생강 등 확인하기

사용할 도구 선택하기

2 냄비, 가위, 나무젓가락 등을 선택하여 준비한다.

재료 계량하기

3 각각의 재료 분량을 컵과 계량스푼, 저울로 계량하기

재료 준비하기

4 대파, 마늘은 곱게 다진다.
5 생강은 강판에 갈아 생강즙을 만든다.
6 북어는 머리를 떼고 찬물에 잠깐 담가 불리고 지느러미, 뼈를 제거한다. 6cm 길이로 3토막을 내고, 껍질에 칼집을 넣는다.
7 실고추는 2~3cm 길이로 자른다.
8 대파는 흰 부분으로 3cm 길이로 곱게 채를 썬다.

양념장 만들기

9 분량의 재료를 섞어 양념장을 만든다.

조리하기

10 냄비에 북어를 넣고 양념장과 물 1/2컵을 끼얹어 약불에서 끓인다.
11 양념국물이 자작해지면 실고추, 대파를 얹고 잠시 뜸을 들인다.

담아 완성하기

12 북어찜 담을 그릇을 선택한다.
13 북어찜을 3토막 이상 넣고 국물과 함께 담는다.

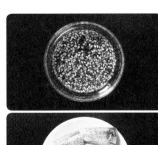

학습평가

| 평가자 체크리스트

학습내용	평가 항목	성취수준		
		상	중	하
찜, 선 재료 준비 및 계량	찜, 선의 종류에 따른 도구를 선택하는 능력			
	재료에 따른 계량 능력			
	찜, 선에 적합한 재료 전처리 능력			
찜, 선 양념장 제조	양념의 특성에 맞는 썰기 능력			
	비율을 고려하여 양념장을 만드는 능력			
찜, 선 조리	메뉴에 따라 물과 양념장의 양을 조절하는 능력			
	양념을 하여 재워 두는 능력			
	메뉴에 따라 가열시간을 조절하는 능력			
	찜과 선에 어울리는 고명을 만드는 능력			
찜, 선 그릇 선택	메뉴에 따라 그릇을 선택할 수 있다.			
찜, 선 제공	찜, 선에 따라 국물을 조절하여 담아내는 능력			
	고명을 음식과 조화롭게 올리는 능력			
	겨자장, 초간장 등을 곁들이는 능력.			

| 서술형 시험

학습내용	평가 항목	성취수준		
		상	중	하
찜, 선 재료 준비 및 계량	찜, 선의 종류에 따른 도구를 선택하는 방법			
	재료에 따른 계량 방법			
	찜, 선에 적합한 재료 전처리 방법			
찜, 선 양념장 제조	양념의 특성에 맞는 썰기 방법			
	비율을 고려하여 양념장을 만드는 방법			
찜, 선 조리	조리법에 따라 재료를 양념하여 재워 두는 이유와 방법			
	찜과 선을 만들기 위해 재료를 조리하는 방법			
	고유의 색과 형태를 유지하는 불조절 방법			
	고명을 사용하는 목적과 고명을 선택하는 방법			
찜, 선 그릇 선택	찜, 선의 그릇을 고르는 방법			
찜, 선 제공	국물의 양을 결정하는 방법			
	찜과 선에 어울리는 고명을 준비하는 방법			
	겨자장과 초간장을 만드는 방법			

작업장 평가

학습내용	평가 항목	성취수준		
		상	중	하
찜, 선 재료 준비 및 계량	찜, 선의 종류에 따른 도구를 준비하는 능력			
	재료에 따른 계량 능력			
	찜, 선에 적합한 재료 전처리 능력			
찜, 선 양념장 제조	양념의 특성에 맞게 썰어 준비하는 능력			
	양념장을 만드는 능력			
찜, 선 조리	메뉴에 따라 물과 양념장의 양을 조절하는 능력			
	양념을 하여 재워 두는 능력			
	메뉴에 따라 불의 세기를 조절하는 능력			
	찜과 선의 고명을 만들고 익힘 정도를 조절하는 능력			
찜, 선 그릇 선택	계절을 고려하여 그릇을 선택하는 능력			
찜, 선 제공	국물을 고려하는 담는 능력			
	메뉴에 따른 주재료와 부재료를 조화롭게 담는 방법			
	겨자장, 초고추장을 곁들여 담는 능력			

학습자 완성품 사진

닭찜

재료

- 닭(1마리 600g 정도를 세로로 반을 갈라 지급) 300g
- 물 5컵
- 당근(길이 7cm 정도 곧은 것) 50g
- 불린 표고(지름 5cm 정도) 1장
- 양파 50g
- 은행 3알
- 달걀 1개
- 식용유 30ml
- 소금 5g

찜양념
- 간장 50ml
- 설탕 20g
- 대파(흰 부분, 4cm) 20g
- 마늘 10g
- 생강 10g
- 참기름 10ml
- 깨소금 5g
- 후춧가루 2g

만드는 법

재료 확인하기
1 닭, 당근, 표고버섯, 양파, 은행, 달걀, 식용유, 소금 등 확인하기

사용할 도구 선택하기
2 냄비, 프라이팬, 나무젓가락 등을 선택하여 준비한다.

재료 계량하기
3 각각의 재료 분량을 컵과 계량스푼, 저울로 계량하기

재료 준비하기
4 대파, 마늘은 곱게 다진다.
5 생강은 껍질을 벗겨 강판에 갈아 즙을 만든다.
6 닭은 내장과 기름기를 제거하고 깨끗이 손질하여 4~5cm로 자른다.
7 당근은 3cm×3cm 크기로 썰어 밤모양으로 모서리를 다듬는다.
8 표고버섯은 물에 불려 기둥을 떼고 4등분으로 썬다.
9 양파는 1.5cm 두께로 채를 썬다.

양념장 만들기
10 분량의 재료를 섞어 양념장을 만든다.

조리하기
11 은행은 볶아 껍질을 벗긴다.
12 달걀은 황·백지단을 부쳐 2cm 정도의 마름모꼴로 썬다.
13 냄비에 물 5컵을 끓여 자른 닭고기를 넣고 데쳐낸다.
14 냄비에 데쳐낸 닭과 당근, 양념장의 반을 넣고 끓이다 나머지 양념장을 넣고 끓인다.
15 국물이 자작해지면 표고버섯과 양파를 넣고 조금 더 끓이고 중간중간 국물을 끼얹어 가면서 윤기나게 조린 뒤 은행을 넣는다.

담아 완성하기
16 닭찜 담을 그릇을 선택한다.
17 닭찜을 국물과 함께 따뜻하게 담고, 황·백지단을 고명으로 올린다.

평가자 체크리스트

학습내용	평가 항목	성취수준		
		상	중	하
찜, 선 재료 준비 및 계량	찜, 선의 종류에 따른 도구를 선택하는 능력			
	재료에 따른 계량 능력			
	찜, 선에 적합한 재료 전처리 능력			
찜, 선 양념장 제조	양념의 특성에 맞는 썰기 능력			
	비율을 고려하여 양념장을 만드는 능력			
찜, 선 조리	메뉴에 따라 물과 양념장의 양을 조절하는 능력			
	양념을 하여 재워 두는 능력			
	메뉴에 따라 가열시간을 조절하는 능력			
	찜과 선에 어울리는 고명을 만드는 능력			
찜, 선 그릇 선택	메뉴에 따라 그릇을 선택할 수 있다.			
찜, 선 제공	찜, 선에 따라 국물을 조절하여 담아내는 능력			
	고명을 음식과 조화롭게 올리는 능력			
	겨자장, 초간장 등을 곁들이는 능력.			

서술형 시험

학습내용	평가 항목	성취수준		
		상	중	하
찜, 선 재료 준비 및 계량	찜, 선의 종류에 따른 도구를 선택하는 방법			
	재료에 따른 계량 방법			
	찜, 선에 적합한 재료 전처리 방법			
찜, 선 양념장 제조	양념의 특성에 맞는 썰기 방법			
	비율을 고려하여 양념장을 만드는 방법			
찜, 선 조리	조리법에 따라 재료를 양념하여 재워 두는 이유와 방법			
	찜과 선을 만들기 위해 재료를 조리하는 방법			
	고유의 색과 형태를 유지하는 불조절 방법			
	고명을 사용하는 목적과 고명을 선택하는 방법			
찜, 선 그릇 선택	찜, 선의 그릇을 고르는 방법			
찜, 선 제공	국물의 양을 결정하는 방법			
	찜과 선에 어울리는 고명을 준비하는 방법			
	겨자장과 초간장을 만드는 방법			

작업장 평가

학습내용	평가 항목	성취수준		
		상	중	하
찜, 선 재료 준비 및 계량	찜, 선의 종류에 따른 도구를 준비하는 능력			
	재료에 따른 계량 능력			
	찜, 선에 적합한 재료 전처리 능력			
찜, 선 양념장 제조	양념의 특성에 맞게 썰어 준비하는 능력			
	양념장을 만드는 능력			
찜, 선 조리	메뉴에 따라 물과 양념장의 양을 조절하는 능력			
	양념을 하여 재워 두는 능력			
	메뉴에 따라 불의 세기를 조절하는 능력			
	찜과 선의 고명을 만들고 익힘 정도를 조절하는 능력			
찜, 선 그릇 선택	계절을 고려하여 그릇을 선택하는 능력			
찜, 선 제공	국물을 고려하는 담는 능력			
	메뉴에 따른 주재료와 부재료를 조화롭게 담는 방법			
	겨자장, 초고추장을 곁들여 담는 능력			

학습자 완성품 사진

달걀찜

재료

- 달걀 1개
- 새우젓 10g
- 실파 20g
- 석이버섯 5g
- 실고추 1g
- 참기름 5ml
- 소금 5g

만드는 법

재료 확인하기

1 달걀, 새우젓, 실파, 석이버섯, 실고추, 참기름 등 확인하기

사용할 도구 선택하기

2 달걀찜 그릇, 냄비, 프라이팬, 나무젓가락 등을 선택하여 준비한다.

재료 계량하기

3 각각의 재료 분량을 컵과 계량스푼, 저울로 계량하기

재료 준비하기

4 달걀은 잘 풀어 체에 내리고, 달걀부피만큼의 물을 2배 섞어 체에 내려 거품을 없앤다.
5 새우젓은 곱게 다져 국물만 준비한다.
6 석이버섯은 미지근한 물에 불려 손질하고 곱게 채를 썬다.
7 실고추, 실파는 1cm 길이로 썬다.

조리하기

8 석이버섯은 소금, 참기름에 버무려 살짝 볶는다.
9 달걀물에 새우젓 국물와 소금으로 간을 하고 찜할 그릇에 담는다.
10 냄비에 물이 끓으면 달걀찜 그릇을 넣고 12분 정도 중탕을 한다.

담아 완성하기

11 달걀찜은 중탕 시에 물이 너무 끓으면 기포가 생겨 조직이 부드럽지 않으므로 중불에서 찌고 찜그릇에 뚜껑을 덮어 쪄야 표면이 매끄럽다.

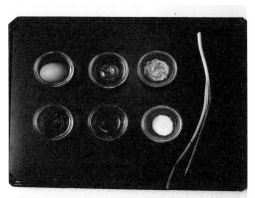

학습 평가

| 평가자 체크리스트

학습내용	평가 항목	성취수준		
		상	중	하
찜, 선 재료 준비 및 계량	찜, 선의 종류에 따른 도구를 선택하는 능력			
	재료에 따른 계량 능력			
	찜, 선에 적합한 재료 전처리 능력			
찜, 선 양념장 제조	양념의 특성에 맞는 썰기 능력			
	비율을 고려하여 양념장을 만드는 능력			
찜, 선 조리	메뉴에 따라 물과 양념장의 양을 조절하는 능력			
	양념을 하여 재워 두는 능력			
	메뉴에 따라 가열시간을 조절하는 능력			
	찜과 선에 어울리는 고명을 만드는 능력			
찜, 선 그릇 선택	메뉴에 따라 그릇을 선택할 수 있다.			
찜, 선 제공	찜, 선에 따라 국물을 조절하여 담아내는 능력			
	고명을 음식과 조화롭게 올리는 능력			
	겨자장, 초간장 등을 곁들이는 능력.			

| 서술형 시험

학습내용	평가 항목	성취수준		
		상	중	하
찜, 선 재료 준비 및 계량	찜, 선의 종류에 따른 도구를 선택하는 방법			
	재료에 따른 계량 방법			
	찜, 선에 적합한 재료 전처리 방법			
찜, 선 양념장 제조	양념의 특성에 맞는 썰기 방법			
	비율을 고려하여 양념장을 만드는 방법			
찜, 선 조리	조리법에 따라 재료를 양념하여 재워 두는 이유와 방법			
	찜과 선을 만들기 위해 재료를 조리하는 방법			
	고유의 색과 형태를 유지하는 불조절 방법			
	고명을 사용하는 목적과 고명을 선택하는 방법			
찜, 선 그릇 선택	찜, 선의 그릇을 고르는 방법			
찜, 선 제공	국물의 양을 결정하는 방법			
	찜과 선에 어울리는 고명을 준비하는 방법			
	겨자장과 초간장을 만드는 방법			

작업장 평가

학습내용	평가 항목	성취수준		
		상	중	하
찜, 선 재료 준비 및 계량	찜, 선의 종류에 따른 도구를 준비하는 능력			
	재료에 따른 계량 능력			
	찜, 선에 적합한 재료 전처리 능력			
찜, 선 양념장 제조	양념의 특성에 맞게 썰어 준비하는 능력			
	양념장을 만드는 능력			
찜, 선 조리	메뉴에 따라 물과 양념장의 양을 조절하는 능력			
	양념을 하여 재워 두는 능력			
	메뉴에 따라 불의 세기를 조절하는 능력			
	찜과 선의 고명을 만들고 익힘 정도를 조절하는 능력			
찜, 선 그릇 선택	계절을 고려하여 그릇을 선택하는 능력			
찜, 선 제공	국물을 고려하는 담는 능력			
	메뉴에 따른 주재료와 부재료를 조화롭게 담는 방법			
	겨자장, 초고추장을 곁들여 담는 능력			

학습자 완성품 사진

두부선

- 두부 200g · 닭고기 100g
- 불린 표고버섯 2장 · 석이버섯 2장
- 달걀 1개 · 잣 1작은술
- 실고추 약간

두부양념

- 소금 1작은술
- 설탕 1작은술
- 다진 대파 2작은술
- 다진 마늘 1작은술
- 생강즙 1/2작은술
- 참기름 1작은술
- 깨소금 1작은술
- 후춧가루 약간

초간장

- 진간장 1큰술
- 식초 1큰술
- 물 1큰술
- 잣가루 약간

겨자장

- 겨자 갠 것 1큰술
- 설탕 1/2큰술
- 식초 1큰술
- 간장 1작은술
- 소금 약간

만드는 법

재료 확인하기
1 두부, 닭고기, 표고버섯, 석이버섯, 달걀, 잣, 실고추 등 확인하기

사용할 도구 선택하기
2 냄비, 프라이팬, 나무젓가락 등을 선택하여 준비한다.

재료 계량하기
3 각각의 재료 분량을 컵과 계량스푼, 저울로 계량하기

재료 준비하기
4 닭고기는 살만 발라서 곱게 다진다.
5 두부는 베보자기로 꼭 짜서 물기를 없애고 으깬다.
6 표고버섯은 미지근한 물에 불려 물기를 짠 다음 기둥을 떼고 곱게 채를 썬다.
7 석이버섯은 불려서 깨끗이 손질하여 채 썬다.
8 실고추는 3cm 길이로 자른다.
9 잣은 고깔을 떼고 길이로 반을 갈라 비늘잣을 만든다.

양념장 만들기
10 분량의 재료를 섞어 초간장을 만든다.
11 분량의 재료를 섞어 겨자장을 만든다.

조리하기
12 달걀은 황·백으로 나누어 지단을 부쳐 채 썬다.
13 두부와 고기, 표고버섯을 섞어 찜양념을 넣어 잘 치댄다.
14 젖은 면포를 펴고 양념한 두부를 1cm 두께로 고르게 펴서 네모난 반대기를 만들고 위에 석이버섯, 지단, 실고추, 비늘잣을 고루 얹는다. 위에 젖은 면포를 덮어 면이 평평해지도록 살짝 누른다.
15 찜통에 넣고 10분 정도 쪄서 한 김 식힌 후 네모지게 썬다.

담아 완성하기
16 두부선 담을 그릇을 선정한다.
17 두부선을 담고, 초간장과 겨자장을 곁들인다.

학습
평가

평가자 체크리스트

학습내용	평가 항목	성취수준		
		상	중	하
찜, 선 재료 준비 및 계량	찜, 선의 종류에 따른 도구를 선택하는 능력			
	재료에 따른 계량 능력			
	찜, 선에 적합한 재료 전처리 능력			
찜, 선 양념장 제조	양념의 특성에 맞는 썰기 능력			
	비율을 고려하여 양념장을 만드는 능력			
찜, 선 조리	메뉴에 따라 물과 양념장의 양을 조절하는 능력			
	양념을 하여 재워 두는 능력			
	메뉴에 따라 가열시간을 조절하는 능력			
	찜과 선에 어울리는 고명을 만드는 능력			
찜, 선 그릇 선택	메뉴에 따라 그릇을 선택할 수 있다.			
찜, 선 제공	찜, 선에 따라 국물을 조절하여 담아내는 능력			
	고명을 음식과 조화롭게 올리는 능력			
	겨자장, 초간장 등을 곁들이는 능력.			

서술형 시험

학습내용	평가 항목	성취수준		
		상	중	하
찜, 선 재료 준비 및 계량	찜, 선의 종류에 따른 도구를 선택하는 방법			
	재료에 따른 계량 방법			
	찜, 선에 적합한 재료 전처리 방법			
찜, 선 양념장 제조	양념의 특성에 맞는 썰기 방법			
	비율을 고려하여 양념장을 만드는 방법			
찜, 선 조리	조리법에 따라 재료를 양념하여 재워 두는 이유와 방법			
	찜과 선을 만들기 위해 재료를 조리하는 방법			
	고유의 색과 형태를 유지하는 불조절 방법			
	고명을 사용하는 목적과 고명을 선택하는 방법			
찜, 선 그릇 선택	찜, 선의 그릇을 고르는 방법			
찜, 선 제공	국물의 양을 결정하는 방법			
	찜과 선에 어울리는 고명을 준비하는 방법			
	겨자장과 초간장을 만드는 방법			

작업장 평가

학습내용	평가 항목	성취수준		
		상	중	하
찜, 선 재료 준비 및 계량	찜, 선의 종류에 따른 도구를 준비하는 능력			
	재료에 따른 계량 능력			
	찜, 선에 적합한 재료 전처리 능력			
찜, 선 양념장 제조	양념의 특성에 맞게 썰어 준비하는 능력			
	양념장을 만드는 능력			
찜, 선 조리	메뉴에 따라 물과 양념장의 양을 조절하는 능력			
	양념을 하여 재워 두는 능력			
	메뉴에 따라 불의 세기를 조절하는 능력			
	찜과 선의 고명을 만들고 익힘 정도를 조절하는 능력			
찜, 선 그릇 선택	계절을 고려하여 그릇을 선택하는 능력			
찜, 선 제공	국물을 고려하는 담는 능력			
	메뉴에 따른 주재료와 부재료를 조화롭게 담는 방법			
	겨자장, 초고추장을 곁들여 담는 능력			

학습자 완성품 사진

가지선

재료

- 가지 2개 · 소고기 사태 50g
- 국간장 1/3작은술 · 다진 마늘 1/4작은술
- 소금 1/5작은술 · 소고기 우둔 20g
- 마른 표고버섯 1개
- 석이버섯 1장
- 달걀 1개
- 실고추 약간
- 소금 약간
- 식용유 약간

소금물

- 소금 1/3작은술
- 물 1컵

석이버섯양념

- 참기름 약간
- 소금 약간

고기양념

- 간장 1작은술
- 설탕 1/2작은술
- 다진 대파 1작은술
- 다진 마늘 1/2작은술
- 참기름 1작은술
- 깨소금 1/4작은술
- 후춧가루 1/8작은술

만드는 법

재료 확인하기

1 가지, 소고기 사태, 국간장, 마늘, 소고기 우둔, 표고버섯, 석이버섯, 달걀, 실고추, 소금 등 확인하기

사용할 도구 선택하기

2 냄비, 프라이팬, 나무젓가락 등을 선택하여 준비한다.

재료 계량하기

3 각각의 재료 분량을 컵과 계량스푼, 저울로 계량하기

재료 준비하기

4 가지는 5cm 길이로 썰어 칼집을 넣는다.
5 끓는 소금물에 살짝 데쳐낸다.
6 소고기 사태는 찬물에 담가 핏물을 뺀다.
7 소고기 우둔은 곱게 채를 썬다.
8 마른 표고버섯은 미지근한 물에 불려 곱게 채를 썬다.
9 석이버섯은 미지근한 물에 불려 손질하고 곱게 채를 썬다.
10 실고추는 2cm 길이로 자른다.

양념장 만들기

11 분량의 재료를 섞어 고기양념을 만든다.
12 소고기 사태는 삶아서 고기는 건져 편으로 썰고 육수는 간장, 다진 마늘, 소금으로 간을 하여 준비한다.
13 달걀은 황·백으로 지단을 부쳐 2cm 길이로 채를 썬다.
14 석이버섯은 참기름, 소금으로 양념하여 볶는다.
15 소고기 우둔과 표고버섯은 고기양념을 하여 볶는다.
16 가지 칼집 사이에 고기, 표고버섯, 석이버섯, 지단을 고루 섞어 넣고, 소고기 육수에 넣어 자작하게 끓인다.

담아 완성하기

17 가지선 담을 그릇을 선택한다.
18 가지선을 그릇에 국물과 담고 실고추를 고명으로 얹는다.

학습 평가

평가자 체크리스트

학습내용	평가 항목	성취수준		
		상	중	하
찜, 선 재료 준비 및 계량	찜, 선의 종류에 따른 도구를 선택하는 능력			
	재료에 따른 계량 능력			
	찜, 선에 적합한 재료 전처리 능력			
찜, 선 양념장 제조	양념의 특성에 맞는 썰기 능력			
	비율을 고려하여 양념장을 만드는 능력			
찜, 선 조리	메뉴에 따라 물과 양념장의 양을 조절하는 능력			
	양념을 하여 재워 두는 능력			
	메뉴에 따라 가열시간을 조절하는 능력			
	찜과 선에 어울리는 고명을 만드는 능력			
찜, 선 그릇 선택	메뉴에 따라 그릇을 선택할 수 있다.			
찜, 선 제공	찜, 선에 따라 국물을 조절하여 담아내는 능력			
	고명을 음식과 조화롭게 올리는 능력			
	겨자장, 초간장 등을 곁들이는 능력.			

서술형 시험

학습내용	평가 항목	성취수준		
		상	중	하
찜, 선 재료 준비 및 계량	찜, 선의 종류에 따른 도구를 선택하는 방법			
	재료에 따른 계량 방법			
	찜, 선에 적합한 재료 전처리 방법			
찜, 선 양념장 제조	양념의 특성에 맞는 썰기 방법			
	비율을 고려하여 양념장을 만드는 방법			
찜, 선 조리	조리법에 따라 재료를 양념하여 재워 두는 이유와 방법			
	찜과 선을 만들기 위해 재료를 조리하는 방법			
	고유의 색과 형태를 유지하는 불조절 방법			
	고명을 사용하는 목적과 고명을 선택하는 방법			
찜, 선 그릇 선택	찜, 선의 그릇을 고르는 방법			
찜, 선 제공	국물의 양을 결정하는 방법			
	찜과 선에 어울리는 고명을 준비하는 방법			
	겨자장과 초간장을 만드는 방법			

작업장 평가

학습내용	평가 항목	성취수준		
		상	중	하
찜, 선 재료 준비 및 계량	찜, 선의 종류에 따른 도구를 준비하는 능력			
	재료에 따른 계량 능력			
	찜, 선에 적합한 재료 전처리 능력			
찜, 선 양념장 제조	양념의 특성에 맞게 썰어 준비하는 능력			
	양념장을 만드는 능력			
찜, 선 조리	메뉴에 따라 물과 양념장의 양을 조절하는 능력			
	양념을 하여 재워 두는 능력			
	메뉴에 따라 불의 세기를 조절하는 능력			
	찜과 선의 고명을 만들고 익힘 정도를 조절하는 능력			
찜, 선 그릇 선택	계절을 고려하여 그릇을 선택하는 능력			
찜, 선 제공	국물을 고려하는 담는 능력			
	메뉴에 따른 주재료와 부재료를 조화롭게 담는 방법			
	겨자장, 초고추장을 곁들여 담는 능력			

학습자 완성품 사진

오이선

- 오이(가늘고 곧은 것 20cm) 1/2개
- 소고기 우둔 20g
- 불린 표고버섯 1개
- 달걀 1개
- 참기름 5ml
- 후춧가루 1g
- 소금 20g
- 간장 5ml
- 흰 설탕 5g
- 식용유 15ml
- 깨소금 5g
- 식초 10ml
- 대파(흰 부분, 4cm) 20g
- 깐 마늘 5g

만드는 법

재료 확인하기
1 오이, 소고기 우둔, 표고버섯, 달걀, 참기름, 간장, 설탕 등 확인하기

사용할 도구 선택하기
2 냄비, 프라이팬, 나무젓가락 등을 선택하여 준비한다.

재료 계량하기
3 각각의 재료 분량을 컵과 계량스푼, 저울로 계량하기

재료 준비하기
4 대파, 마늘은 곱게 다진다.
5 오이는 길이로 반을 갈라 4cm 크기로 어슷썰기를 하고 균일한 간격
   으로 3군데에 어슷하게 칼집을 넣은 뒤 소금물에 담가 절인다.
6 소고기 우둔은 곱게 채를 썬다.
7 마른 표고버섯은 물에 불려 곱게 채를 썬다.

양념장 만들기
8 간장 1작은술, 설탕 1/4작은술, 다진 대파 1/2작은술, 다진 마늘
   1/4작은술, 깨소금 1/2작은술, 참기름 1/2작은술, 후춧가루 1/8작
   은술을 고루 버무려 고기양념을 만든다.
9 식초 1작은술, 설탕 2/3작은술, 물 1작은술, 소금 1/3작은술을 섞
   어 단촛물을 만든다.

조리하기
10 오이가 절여지면 물기를 제거하고 달구어진 팬에 식용유를 두르고
   새파랗게 볶아 식힌다.
11 달걀은 황·백으로 지단을 부쳐 2.5cm 길이로 채를 썬다.
12 소고기 우둔과 표고버섯은 고기양념을 하여 각각 볶는다.
13 오이의 칼집 사이에 황·백지단, 소고기, 표고버섯을 끼워 넣는다.

담아 완성하기
14 오이선 담을 그릇을 선택한다.
15 오이선 4개를 그릇에 담고, 단촛물을 끼얹는다.

학습 평가

| 평가자 체크리스트

학습내용	평가 항목	성취수준		
		상	중	하
찜, 선 재료 준비 및 계량	찜, 선의 종류에 따른 도구를 선택하는 능력			
	재료에 따른 계량 능력			
	찜, 선에 적합한 재료 전처리 능력			
찜, 선 양념장 제조	양념의 특성에 맞는 썰기 능력			
	비율을 고려하여 양념장을 만드는 능력			
찜, 선 조리	메뉴에 따라 물과 양념장의 양을 조절하는 능력			
	양념을 하여 재워 두는 능력			
	메뉴에 따라 가열시간을 조절하는 능력			
	찜과 선에 어울리는 고명을 만드는 능력			
찜, 선 그릇 선택	메뉴에 따라 그릇을 선택할 수 있다.			
찜, 선 제공	찜, 선에 따라 국물을 조절하여 담아내는 능력			
	고명을 음식과 조화롭게 올리는 능력			
	겨자장, 초간장 등을 곁들이는 능력.			

| 서술형 시험

학습내용	평가 항목	성취수준		
		상	중	하
찜, 선 재료 준비 및 계량	찜, 선의 종류에 따른 도구를 선택하는 방법			
	재료에 따른 계량 방법			
	찜, 선에 적합한 재료 전처리 방법			
찜, 선 양념장 제조	양념의 특성에 맞는 썰기 방법			
	비율을 고려하여 양념장을 만드는 방법			
찜, 선 조리	조리법에 따라 재료를 양념하여 재워 두는 이유와 방법			
	찜과 선을 만들기 위해 재료를 조리하는 방법			
	고유의 색과 형태를 유지하는 불조절 방법			
	고명을 사용하는 목적과 고명을 선택하는 방법			
찜, 선 그릇 선택	찜, 선의 그릇을 고르는 방법			
찜, 선 제공	국물의 양을 결정하는 방법			
	찜과 선에 어울리는 고명을 준비하는 방법			
	겨자장과 초간장을 만드는 방법			

작업장 평가

학습내용	평가 항목	성취수준		
		상	중	하
찜, 선 재료 준비 및 계량	찜, 선의 종류에 따른 도구를 준비하는 능력			
	재료에 따른 계량 능력			
	찜, 선에 적합한 재료 전처리 능력			
찜, 선 양념장 제조	양념의 특성에 맞게 썰어 준비하는 능력			
	양념장을 만드는 능력			
찜, 선 조리	메뉴에 따라 물과 양념장의 양을 조절하는 능력			
	양념을 하여 재워 두는 능력			
	메뉴에 따라 불의 세기를 조절하는 능력			
	찜과 선의 고명을 만들고 익힘 정도를 조절하는 능력			
찜, 선 그릇 선택	계절을 고려하여 그릇을 선택하는 능력			
찜, 선 제공	국물을 고려하는 담는 능력			
	메뉴에 따른 주재료와 부재료를 조화롭게 담는 방법			
	겨자장, 초고추장을 곁들여 담는 능력			

학습자 완성품 사진

호박선

재료

- 애호박 1개 · 소고기 우둔 20g
- 불린 표고버섯 1개
- 당근(길이 7cm) 50g
- 석이버섯 5g · 달걀 1개
- 대파(흰 부분, 4cm) 20g
- 깐 마늘 5g · 실고추 1g
- 잣 3개 · 겨잣가루 5g
- 식초 5ml
- 식용유 10ml
- 소금 10g
- 간장 10ml
- 설탕 10g
- 참기름 5ml
- 깨소금 5g
- 후춧가루 1g

만드는 법

재료 확인하기
1 애호박, 소고기 우둔, 표고버섯, 당근, 석이버섯, 달걀, 대파, 마늘 등 확인하기

사용할 도구 선택하기
2 냄비, 프라이팬, 나무젓가락 등을 선택하여 준비한다.

재료 계량하기
3 각각의 재료 분량을 컵과 계량스푼, 저울로 계량하기

재료 준비하기
4 대파, 마늘은 곱게 다진다.
5 애호박은 길이로 반을 갈라 4cm 길이로 어슷썰기한 후 3번 칼집을 넣는다. 소금물에 충분히 절여준다.
6 소고기 우둔은 곱게 채를 썬다.
7 마른 표고버섯은 물에 불려 곱게 채를 썬다.
8 석이버섯은 미지근한 물에 불려 손질하고 곱게 채를 썬다.
9 당근은 껍질을 벗기고 3cm 길이로 채를 썬다.
10 잣은 고깔을 제거하고 반으로 잘라 비늘잣을 만든다.
11 실고추는 2cm 길이로 자른다.
12 겨잣가루에 물을 버무려 발효시킨다.

양념장 만들기
13 간장 1작은술, 설탕 2/3작은술, 다진 대파 1/2작은술, 다진 마늘 1/4작은술, 참기름 1작은술, 깨소금 1/2작은술, 후춧가루 약간을 섞어 고기양념을 만든다.
14 발효된 겨자 1작은술, 물 1큰술, 소금 적당량, 간장 1/3작은술, 설탕 1작은술, 식초 1작은술을 섞어 겨자장을 만든다.

조리하기
15 달걀은 황·백으로 지단을 부쳐 2cm×0.1cm×0.1cm 크기로 채를 썬다.
16 석이버섯은 참기름, 소금으로 양념하여 볶는다.
17 소고기 우둔과 표고버섯은 각각 고기양념을 하여 따로 볶는다.
18 끓는 소금물에 당근을 데친다. 소금, 참기름으로 양념한다.
19 물 1컵에 간장 1/2작은술을 넣어 색을 내고 소금으로 간을 하여 육수를 만든다.
20 절인 애호박에 준비한 소를 칼집에 보기 좋게 끼운다.
21 냄비에 준비한 애호박을 담고 육수를 부어 끓인다. 소부분에 육수를 끼얹어가며 속까지 익힌다.

담아 완성하기
22 호박선 담을 그릇을 선택한다.
23 그릇에 호박선을 국물과 담고 지단, 석이버섯, 실고추, 잣을 고명으로 얹는다. 겨자장을 곁들인다.

학습 평가

평가자 체크리스트

학습내용	평가 항목	성취수준		
		상	중	하
찜, 선 재료 준비 및 계량	찜, 선의 종류에 따른 도구를 선택하는 능력			
	재료에 따른 계량 능력			
	찜, 선에 적합한 재료 전처리 능력			
찜, 선 양념장 제조	양념의 특성에 맞는 썰기 능력			
	비율을 고려하여 양념장을 만드는 능력			
찜, 선 조리	메뉴에 따라 물과 양념장의 양을 조절하는 능력			
	양념을 하여 재워 두는 능력			
	메뉴에 따라 가열시간을 조절하는 능력			
	찜과 선에 어울리는 고명을 만드는 능력			
찜, 선 그릇 선택	메뉴에 따라 그릇을 선택할 수 있다.			
찜, 선 제공	찜, 선에 따라 국물을 조절하여 담아내는 능력			
	고명을 음식과 조화롭게 올리는 능력			
	겨자장, 초간장 등을 곁들이는 능력.			

서술형 시험

학습내용	평가 항목	성취수준		
		상	중	하
찜, 선 재료 준비 및 계량	찜, 선의 종류에 따른 도구를 선택하는 방법			
	재료에 따른 계량 방법			
	찜, 선에 적합한 재료 전처리 방법			
찜, 선 양념장 제조	양념의 특성에 맞는 썰기 방법			
	비율을 고려하여 양념장을 만드는 방법			
찜, 선 조리	조리법에 따라 재료를 양념하여 재워 두는 이유와 방법			
	찜과 선을 만들기 위해 재료를 조리하는 방법			
	고유의 색과 형태를 유지하는 불조절 방법			
	고명을 사용하는 목적과 고명을 선택하는 방법			
찜, 선 그릇 선택	찜, 선의 그릇을 고르는 방법			
찜, 선 제공	국물의 양을 결정하는 방법			
	찜과 선에 어울리는 고명을 준비하는 방법			
	겨자장과 초간장을 만드는 방법			

작업장 평가

학습내용	평가 항목	성취수준		
		상	중	하
찜, 선 재료 준비 및 계량	찜, 선의 종류에 따른 도구를 준비하는 능력			
	재료에 따른 계량 능력			
	찜, 선에 적합한 재료 전처리 능력			
찜, 선 양념장 제조	양념의 특성에 맞게 썰어 준비하는 능력			
	양념장을 만드는 능력			
찜, 선 조리	메뉴에 따라 물과 양념장의 양을 조절하는 능력			
	양념을 하여 재워 두는 능력			
	메뉴에 따라 불의 세기를 조절하는 능력			
	찜과 선의 고명을 만들고 익힘 정도를 조절하는 능력			
찜, 선 그릇 선택	계절을 고려하여 그릇을 선택하는 능력			
찜, 선 제공	국물을 고려하는 담는 능력			
	메뉴에 따른 주재료와 부재료를 조화롭게 담는 방법			
	겨자장, 초고추장을 곁들여 담는 능력			

학습자 완성품 사진

어선

- 동태 1마리(500g)
- 달걀 1개
- 당근(7cm 길이) 50g
- 불린 표고버섯 2개
- 오이 곧은 것(20cm) 1/3개
- 설탕 15g
- 생강 10g
- 소금 10g
- 후춧가루 2g
- 녹말가루 30g
- 간장 20ml
- 참기름 5ml
- 식용유 30ml

재료 확인하기
1 동태, 달걀, 당근, 표고버섯, 오이, 설탕, 생강 등 확인하기

사용할 도구 선택하기
2 냄비, 프라이팬, 나무젓가락 등을 선택하여 준비한다.

재료 계량하기
3 각각의 재료 분량을 컵과 계량스푼, 저울로 계량하기

재료 준비하기
4 생강은 껍질을 벗기고 강판에 갈아 생강즙을 만든다.
5 생선살은 넓게 포를 떠서 칼을 눕혀 두들긴 다음 소금, 후춧가루, 생강즙으로 밑간을 한다.
6 당근은 껍질을 벗겨 채를 썰어 소금에 절인다.
7 오이는 돌려깎기하여 채를 썰어 소금에 절인다.
8 표고버섯은 기둥을 떼고 채를 썬다.

조리하기
9 달걀은 황·백으로 지단을 부치고 5cm×0.3cm×0.3cm 크기로 채를 썬다.
10 표고버섯은 간장, 설탕, 참기름으로 양념을 한다.
11 팬에 기름을 두르고 오이, 당근, 표고버섯을 각각 볶는다.
12 김발 위에 녹말가루를 얇게 바른 다음 생선포를 네모반듯하게 맞추어 놓고 준비한 재료들을 길이로 놓는다. 김밥 말듯이 말아 김이 오른 찜통에 10분 정도 찐다.
13 생선이 익으면 꺼내어 식힌 다음 2cm 두께로 썬다.

담아 완성하기
14 어선 담을 그릇을 선택한다.
15 그릇에 어선을 보기 좋게 6개 담는다.

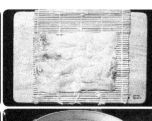

학습
평가

▍평가자 체크리스트

학습내용	평가 항목	성취수준		
		상	중	하
찜, 선 재료 준비 및 계량	찜, 선의 종류에 따른 도구를 선택하는 능력			
	재료에 따른 계량 능력			
	찜, 선에 적합한 재료 전처리 능력			
찜, 선 양념장 제조	양념의 특성에 맞는 썰기 능력			
	비율을 고려하여 양념장을 만드는 능력			
찜, 선 조리	메뉴에 따라 물과 양념장의 양을 조절하는 능력			
	양념을 하여 재워 두는 능력			
	메뉴에 따라 가열시간을 조절하는 능력			
	찜과 선에 어울리는 고명을 만드는 능력			
찜, 선 그릇 선택	메뉴에 따라 그릇을 선택할 수 있다.			
찜, 선 제공	찜, 선에 따라 국물을 조절하여 담아내는 능력			
	고명을 음식과 조화롭게 올리는 능력			
	겨자장, 초간장 등을 곁들이는 능력.			

▍서술형 시험

학습내용	평가 항목	성취수준		
		상	중	하
찜, 선 재료 준비 및 계량	찜, 선의 종류에 따른 도구를 선택하는 방법			
	재료에 따른 계량 방법			
	찜, 선에 적합한 재료 전처리 방법			
찜, 선 양념장 제조	양념의 특성에 맞는 썰기 방법			
	비율을 고려하여 양념장을 만드는 방법			
찜, 선 조리	조리법에 따라 재료를 양념하여 재워 두는 이유와 방법			
	찜과 선을 만들기 위해 재료를 조리하는 방법			
	고유의 색과 형태를 유지하는 불조절 방법			
	고명을 사용하는 목적과 고명을 선택하는 방법			
찜, 선 그릇 선택	찜, 선의 그릇을 고르는 방법			
찜, 선 제공	국물의 양을 결정하는 방법			
	찜과 선에 어울리는 고명을 준비하는 방법			
	겨자장과 초간장을 만드는 방법			

작업장 평가

학습내용	평가 항목	성취수준		
		상	중	하
찜, 선 재료 준비 및 계량	찜, 선의 종류에 따른 도구를 준비하는 능력			
	재료에 따른 계량 능력			
	찜, 선에 적합한 재료 전처리 능력			
찜, 선 양념장 제조	양념의 특성에 맞게 썰어 준비하는 능력			
	양념장을 만드는 능력			
찜, 선 조리	메뉴에 따라 물과 양념장의 양을 조절하는 능력			
	양념을 하여 재워 두는 능력			
	메뉴에 따라 불의 세기를 조절하는 능력			
	찜과 선의 고명을 만들고 익힘 정도를 조절하는 능력			
찜, 선 그릇 선택	계절을 고려하여 그릇을 선택하는 능력			
찜, 선 제공	국물을 고려하는 담는 능력			
	메뉴에 따른 주재료와 부재료를 조화롭게 담는 방법			
	겨자장, 초고추장을 곁들여 담는 능력			

학습자 완성품 사진

일일 개인위생 점검표(입실준비)

점검 항목	착용 및 실시 여부	점검결과		
		양호	보통	미흡
조리모				
두발의 형태에 따른 손질(머리망 등)				
조리복 상의				
조리복 바지				
앞치마				
스카프				
안전화				
손톱의 길이 및 매니큐어 여부				
반지, 시계, 팔찌 등				
짙은 화장				
향수				
손 씻기				
상처유무 및 적절한 조치				
흰색 행주 지참				
사이드 타월				
개인용 조리도구				

점검일 : 년 월 일 이름 :

일일 위생 점검표(퇴실준비)

점검 항목	착용 및 실시 여부	점검결과		
		양호	보통	미흡
그릇, 기물 세척 및 정리정돈				
기계, 도구, 장비 세척 및 정리정돈				
작업대 청소 및 물기 제거				
가스레인지 또는 인덕션 청소				
양념통 정리				
남은 재료 정리정돈				
음식 쓰레기 처리				
개수대 청소				
수도 주변 및 세제 관리				
바닥 청소				
청소도구 정리정돈				
전기 및 Gas 체크				

점검일 : 년 월 일 이름 :

일일 개인위생 점검표(입실준비)

점검일 :　　년　 월　 일　　이름 :

점검 항목	착용 및 실시 여부	점검결과		
		양호	보통	미흡
조리모				
두발의 형태에 따른 손질(머리망 등)				
조리복 상의				
조리복 바지				
앞치마				
스카프				
안전화				
손톱의 길이 및 매니큐어 여부				
반지, 시계, 팔찌 등				
짙은 화장				
향수				
손 씻기				
상처유무 및 적절한 조치				
흰색 행주 지참				
사이드 타월				
개인용 조리도구				

일일 위생 점검표(퇴실준비)

점검일 :　　년　 월　 일　　이름 :

점검 항목	착용 및 실시 여부	점검결과		
		양호	보통	미흡
그릇, 기물 세척 및 정리정돈				
기계, 도구, 장비 세척 및 정리정돈				
작업대 청소 및 물기 제거				
가스레인지 또는 인덕션 청소				
양념통 정리				
남은 재료 정리정돈				
음식 쓰레기 처리				
개수대 청소				
수도 주변 및 세제 관리				
바닥 청소				
청소도구 정리정돈				
전기 및 Gas 체크				

일일 개인위생 점검표(입실준비)

점검일 : 년 월 일 이름 :				
점검 항목	착용 및 실시 여부	점검결과		
		양호	보통	미흡
조리모				
두발의 형태에 따른 손질(머리망 등)				
조리복 상의				
조리복 바지				
앞치마				
스카프				
안전화				
손톱의 길이 및 매니큐어 여부				
반지, 시계, 팔찌 등				
짙은 화장				
향수				
손 씻기				
상처유무 및 적절한 조치				
흰색 행주 지참				
사이드 타월				
개인용 조리도구				

일일 위생 점검표(퇴실준비)

점검일 : 년 월 일 이름 :				
점검 항목	착용 및 실시 여부	점검결과		
		양호	보통	미흡
그릇, 기물 세척 및 정리정돈				
기계, 도구, 장비 세척 및 정리정돈				
작업대 청소 및 물기 제거				
가스레인지 또는 인덕션 청소				
양념통 정리				
남은 재료 정리정돈				
음식 쓰레기 처리				
개수대 청소				
수도 주변 및 세제 관리				
바닥 청소				
청소도구 정리정돈				
전기 및 Gas 체크				

일일 개인위생 점검표(입실준비)

점검일 :   년   월   일   이름 :

점검 항목	착용 및 실시 여부	점검결과		
		양호	보통	미흡
조리모				
두발의 형태에 따른 손질(머리망 등)				
조리복 상의				
조리복 바지				
앞치마				
스카프				
안전화				
손톱의 길이 및 매니큐어 여부				
반지, 시계, 팔찌 등				
짙은 화장				
향수				
손 씻기				
상처유무 및 적절한 조치				
흰색 행주 지참				
사이드 타월				
개인용 조리도구				

일일 위생 점검표(퇴실준비)

점검일 :   년   월   일   이름 :

점검 항목	착용 및 실시 여부	점검결과		
		양호	보통	미흡
그릇, 기물 세척 및 정리정돈				
기계, 도구, 장비 세척 및 정리정돈				
작업대 청소 및 물기 제거				
가스레인지 또는 인덕션 청소				
양념통 정리				
남은 재료 정리정돈				
음식 쓰레기 처리				
개수대 청소				
수도 주변 및 세제 관리				
바닥 청소				
청소도구 정리정돈				
전기 및 Gas 체크				

일일 개인위생 점검표(입실준비)

점검일 : 년 월 일 이름 :				
점검 항목	착용 및 실시 여부	점검결과		
		양호	보통	미흡
조리모				
두발의 형태에 따른 손질(머리망 등)				
조리복 상의				
조리복 바지				
앞치마				
스카프				
안전화				
손톱의 길이 및 매니큐어 여부				
반지, 시계, 팔찌 등				
짙은 화장				
향수				
손 씻기				
상처유무 및 적절한 조치				
흰색 행주 지참				
사이드 타월				
개인용 조리도구				

일일 위생 점검표(퇴실준비)

점검일 : 년 월 일 이름 :				
점검 항목	착용 및 실시 여부	점검결과		
		양호	보통	미흡
그릇, 기물 세척 및 정리정돈				
기계, 도구, 장비 세척 및 정리정돈				
작업대 청소 및 물기 제거				
가스레인지 또는 인덕션 청소				
양념통 정리				
남은 재료 정리정돈				
음식 쓰레기 처리				
개수대 청소				
수도 주변 및 세제 관리				
바닥 청소				
청소도구 정리정돈				
전기 및 Gas 체크				

일일 개인위생 점검표(입실준비)

점검일 :   년   월   일   이름 :

점검 항목	착용 및 실시 여부	점검결과		
		양호	보통	미흡
조리모				
두발의 형태에 따른 손질(머리망 등)				
조리복 상의				
조리복 바지				
앞치마				
스카프				
안전화				
손톱의 길이 및 매니큐어 여부				
반지, 시계, 팔찌 등				
짙은 화장				
향수				
손 씻기				
상처유무 및 적절한 조치				
흰색 행주 지참				
사이드 타월				
개인용 조리도구				

일일 위생 점검표(퇴실준비)

점검일 :   년   월   일   이름 :

점검 항목	착용 및 실시 여부	점검결과		
		양호	보통	미흡
그릇, 기물 세척 및 정리정돈				
기계, 도구, 장비 세척 및 정리정돈				
작업대 청소 및 물기 제거				
가스레인지 또는 인덕션 청소				
양념통 정리				
남은 재료 정리정돈				
음식 쓰레기 처리				
개수대 청소				
수도 주변 및 세제 관리				
바닥 청소				
청소도구 정리정돈				
전기 및 Gas 체크				

일일 개인위생 점검표(입실준비)

점검일 : 년 월 일 이름 :				
점검 항목	착용 및 실시 여부	점검결과		
		양호	보통	미흡
조리모				
두발의 형태에 따른 손질(머리망 등)				
조리복 상의				
조리복 바지				
앞치마				
스카프				
안전화				
손톱의 길이 및 매니큐어 여부				
반지, 시계, 팔찌 등				
짙은 화장				
향수				
손 씻기				
상처유무 및 적절한 조치				
흰색 행주 지참				
사이드 타월				
개인용 조리도구				

일일 위생 점검표(퇴실준비)

점검일 : 년 월 일 이름 :				
점검 항목	착용 및 실시 여부	점검결과		
		양호	보통	미흡
그릇, 기물 세척 및 정리정돈				
기계, 도구, 장비 세척 및 정리정돈				
작업대 청소 및 물기 제거				
가스레인지 또는 인덕션 청소				
양념통 정리				
남은 재료 정리정돈				
음식 쓰레기 처리				
개수대 청소				
수도 주변 및 세제 관리				
바닥 청소				
청소도구 정리정돈				
전기 및 Gas 체크				

▍일일 개인위생 점검표(입실준비)

점검일 :   년   월   일   이름 :

점검 항목	착용 및 실시 여부	점검결과		
		양호	보통	미흡
조리모				
두발의 형태에 따른 손질(머리망 등)				
조리복 상의				
조리복 바지				
앞치마				
스카프				
안전화				
손톱의 길이 및 매니큐어 여부				
반지, 시계, 팔찌 등				
짙은 화장				
향수				
손 씻기				
상처유무 및 적절한 조치				
흰색 행주 지참				
사이드 타월				
개인용 조리도구				

▍일일 위생 점검표(퇴실준비)

점검일 :   년   월   일   이름 :

점검 항목	착용 및 실시 여부	점검결과		
		양호	보통	미흡
그릇, 기물 세척 및 정리정돈				
기계, 도구, 장비 세척 및 정리정돈				
작업대 청소 및 물기 제거				
가스레인지 또는 인덕션 청소				
양념통 정리				
남은 재료 정리정돈				
음식 쓰레기 처리				
개수대 청소				
수도 주변 및 세제 관리				
바닥 청소				
청소도구 정리정돈				
전기 및 Gas 체크				

| 일일 개인위생 점검표(입실준비)

점검 항목	착용 및 실시 여부	점검결과		
		양호	보통	미흡
조리모				
두발의 형태에 따른 손질(머리망 등)				
조리복 상의				
조리복 바지				
앞치마				
스카프				
안전화				
손톱의 길이 및 매니큐어 여부				
반지, 시계, 팔찌 등				
짙은 화장				
향수				
손 씻기				
상처유무 및 적절한 조치				
흰색 행주 지참				
사이드 타월				
개인용 조리도구				

점검일 : 년 월 일 이름 :

| 일일 위생 점검표(퇴실준비)

점검 항목	착용 및 실시 여부	점검결과		
		양호	보통	미흡
그릇, 기물 세척 및 정리정돈				
기계, 도구, 장비 세척 및 정리정돈				
작업대 청소 및 물기 제거				
가스레인지 또는 인덕션 청소				
양념통 정리				
남은 재료 정리정돈				
음식 쓰레기 처리				
개수대 청소				
수도 주변 및 세제 관리				
바닥 청소				
청소도구 정리정돈				
전기 및 Gas 체크				

점검일 : 년 월 일 이름 :

| 일일 개인위생 점검표(입실준비)

점검일 :   년   월   일   이름 :

점검 항목	착용 및 실시 여부	점검결과		
		양호	보통	미흡
조리모				
두발의 형태에 따른 손질(머리망 등)				
조리복 상의				
조리복 바지				
앞치마				
스카프				
안전화				
손톱의 길이 및 매니큐어 여부				
반지, 시계, 팔찌 등				
짙은 화장				
향수				
손 씻기				
상처유무 및 적절한 조치				
흰색 행주 지참				
사이드 타월				
개인용 조리도구				

| 일일 위생 점검표(퇴실준비)

점검일 :   년   월   일   이름 :

점검 항목	착용 및 실시 여부	점검결과		
		양호	보통	미흡
그릇, 기물 세척 및 정리정돈				
기계, 도구, 장비 세척 및 정리정돈				
작업대 청소 및 물기 제거				
가스레인지 또는 인덕션 청소				
양념통 정리				
남은 재료 정리정돈				
음식 쓰레기 처리				
개수대 청소				
수도 주변 및 세제 관리				
바닥 청소				
청소도구 정리정돈				
전기 및 Gas 체크				

일일 개인위생 점검표(입실준비)

점검일 :   년   월   일   이름 :

점검 항목	착용 및 실시 여부	점검결과		
		양호	보통	미흡
조리모				
두발의 형태에 따른 손질(머리망 등)				
조리복 상의				
조리복 바지				
앞치마				
스카프				
안전화				
손톱의 길이 및 매니큐어 여부				
반지, 시계, 팔찌 등				
짙은 화장				
향수				
손 씻기				
상처유무 및 적절한 조치				
흰색 행주 지참				
사이드 타월				
개인용 조리도구				

일일 위생 점검표(퇴실준비)

점검일 :   년   월   일   이름 :

점검 항목	착용 및 실시 여부	점검결과		
		양호	보통	미흡
그릇, 기물 세척 및 정리정돈				
기계, 도구, 장비 세척 및 정리정돈				
작업대 청소 및 물기 제거				
가스레인지 또는 인덕션 청소				
양념통 정리				
남은 재료 정리정돈				
음식 쓰레기 처리				
개수대 청소				
수도 주변 및 세제 관리				
바닥 청소				
청소도구 정리정돈				
전기 및 Gas 체크				

| 일일 개인위생 점검표(입실준비)

점검일 :　년　월　일　이름 :

점검 항목	착용 및 실시 여부	점검결과		
		양호	보통	미흡
조리모				
두발의 형태에 따른 손질(머리망 등)				
조리복 상의				
조리복 바지				
앞치마				
스카프				
안전화				
손톱의 길이 및 매니큐어 여부				
반지, 시계, 팔찌 등				
짙은 화장				
향수				
손 씻기				
상처유무 및 적절한 조치				
흰색 행주 지참				
사이드 타월				
개인용 조리도구				

| 일일 위생 점검표(퇴실준비)

점검일 :　년　월　일　이름 :

점검 항목	착용 및 실시 여부	점검결과		
		양호	보통	미흡
그릇, 기물 세척 및 정리정돈				
기계, 도구, 장비 세척 및 정리정돈				
작업대 청소 및 물기 제거				
가스레인지 또는 인덕션 청소				
양념통 정리				
남은 재료 정리정돈				
음식 쓰레기 처리				
개수대 청소				
수도 주변 및 세제 관리				
바닥 청소				
청소도구 정리정돈				
전기 및 Gas 체크				

일일 개인위생 점검표(입실준비)

점검일 : 년 월 일 이름 :

점검 항목	착용 및 실시 여부	점검결과		
		양호	보통	미흡
조리모				
두발의 형태에 따른 손질(머리망 등)				
조리복 상의				
조리복 바지				
앞치마				
스카프				
안전화				
손톱의 길이 및 매니큐어 여부				
반지, 시계, 팔찌 등				
짙은 화장				
향수				
손 씻기				
상처유무 및 적절한 조치				
흰색 행주 지참				
사이드 타월				
개인용 조리도구				

일일 위생 점검표(퇴실준비)

점검일 : 년 월 일 이름 :

점검 항목	착용 및 실시 여부	점검결과		
		양호	보통	미흡
그릇, 기물 세척 및 정리정돈				
기계, 도구, 장비 세척 및 정리정돈				
작업대 청소 및 물기 제거				
가스레인지 또는 인덕션 청소				
양념통 정리				
남은 재료 정리정돈				
음식 쓰레기 처리				
개수대 청소				
수도 주변 및 세제 관리				
바닥 청소				
청소도구 정리정돈				
전기 및 Gas 체크				

일일 개인위생 점검표(입실준비)

점검일 :　년　월　일　　이름 :

점검 항목	착용 및 실시 여부	점검결과		
		양호	보통	미흡
조리모				
두발의 형태에 따른 손질(머리망 등)				
조리복 상의				
조리복 바지				
앞치마				
스카프				
안전화				
손톱의 길이 및 매니큐어 여부				
반지, 시계, 팔찌 등				
짙은 화장				
향수				
손 씻기				
상처유무 및 적절한 조치				
흰색 행주 지참				
사이드 타월				
개인용 조리도구				

일일 위생 점검표(퇴실준비)

점검일 :　년　월　일　　이름 :

점검 항목	착용 및 실시 여부	점검결과		
		양호	보통	미흡
그릇, 기물 세척 및 정리정돈				
기계, 도구, 장비 세척 및 정리정돈				
작업대 청소 및 물기 제거				
가스레인지 또는 인덕션 청소				
양념통 정리				
남은 재료 정리정돈				
음식 쓰레기 처리				
개수대 청소				
수도 주변 및 세제 관리				
바닥 청소				
청소도구 정리정돈				
전기 및 Gas 체크				

저자 소개

한혜영

현) 충북도립대학교 조리제빵과 교수
    어린이급식관리지원센터 센터장
• 세종대학교 조리외식경영학전공 조리학 박사
• 숙명여자대학교 전통식생활문화전공 석사
• 조리기능장
• Le Cordon bleu (France, Australia) 연수
• The Culinary Institute of America 연수
• Cursos de cocina espanola en sevilla (Spain) 연수
• Italian Culinary Institute For Foreigner 연수
• 롯데호텔 서울
• 인터컨티넨탈 호텔 서울
• 떡제조기능사, 조리산업기사, 조리기능장 출제위원 및 심사위원
• 한국외식산업학회 이사
• 농림축산식품부장관상, 식약처장상, 해양수산부장관상,
  산림청장상
• 대전지방식품의약품안전청장상, 충북도지사상
• KBS 비타민, 위기탈출넘버원
• 한혜영 교수의 재미있고 맛있는 음식이야기 CJB 라디오
  청주방송
• SBS 모닝와이드
• MBC 생방송오늘아침 등
• 파리, 대만, 홍콩, 알제리, 카타르, 싱가포르, 상해, 터키, 리옹,
  라스베이거스, 요르단, 쿠웨이트, 터키, 말레이시아, 미국, 오만,
  에콰도르, 파나마, 카타르, 몽골, 체코, 브라질, 네덜란드, 호주,
  일본 등 대사관 초청 한국음식 강의 및 홍보행사
• 순창, 임실, 옥천, 밀양, 화천, 봉화, 진천, 태백, 경주, 서산, 충주,
  양양, 웅진, 성주, 이천 등 메뉴개발 및 강의

저서
• 한혜영의 한국음식, 효일출판사, 2013
• NCS 자격검정을 위한 한식조리 12권, 백산출판사, 2016
• NCS 자격검정을 위한 한식기초조리실무, 백산출판사, 2017
• NCS 자격검정을 위한 알기쉬운 한식조리, 백산출판사, 2017
• NCS 한식조리실무, 백산출판사, 2017
• 조리사가 꼭 알아야 할 단체급식, 백산출판사, 2018
• 양식조리 NCS학습모듈 공동 집필 8권, 한국직업능력개발원,
  2018
• 동남아요리, 백산출판사, 2019
• 떡제조기능사, 비앤씨월드, 2020
• 푸드스타일링 실습, 충북도립대학교, 2020

김업식

현) 연성대학교 호텔외식조리과 호텔조리전공 교수
• 경희대학교 대학원 식품학 박사
• (주)웨스틴조선호텔 한식당 셔블 Chef
• 베트남 대우호텔 페스티벌 주관
• 일본 동경 웨스틴 호텔 한국음식 페스티벌 주관
• 서울국제요리대회 심사위원
• 용수산, 강강술래, 썬앳푸드 자문위원
• 메리어트호텔, 해비치호텔 자문위원
• 한국산업인력공단 감독위원
• 네바다주립대(U.N.L.V) 조리연수
• C.I.A. 조리연수, COPIA 와인연수

저서
• 21세기 한국음식, 효일출판사, 2012
• 주방시설관리론, 효일출판사, 2010
• 전통혼례음식, 광문각, 2007

박선옥

현) 충북도립대학교 조리제빵과 겸임교수
    인천재능대학교 호텔외식조리과 겸임교수
전) 우송정보대학 외식조리과 외래교수
    세종대학교 외식경영학과 외래교수
• 조리기능장
• 한국소울푸드연구소 대표
• 세종대학교 조리외식경영학과 박사과정
• 주 그리스 대한민국대사관 조리사
• 아름다운 우리 떡 은상 (한국관광공사)

신은채

현) 동원과학기술대학교 호텔외식조리과 교수
    양산시 시설관리공단 〈숲애서〉 자문위원장
• 한식조리기능사, 조리산업기사 감독위원
• 세종대학교 식품영양학과 이학사
• 서울대학교 보건대학원 보건학 석사
• 동아대학교 식품영양학과 이학박사
• 한식세계화 한식전문조리인력양성과정장
• 채널A 먹거리 X파일 착한식당 검증단

저자와의
합의하에
인지첩부
생략

한식조리 찜·선

2022년 3월 5일 초판 1쇄 인쇄
2022년 3월 10일 초판 1쇄 발행

지은이 한혜영·김업식·박선옥·신은채
펴낸이 진욱상
펴낸곳 (주)백산출판사
교   정 박시내
본문디자인 신화정
표지디자인 오정은

등   록 2017년 5월 29일 제406-2017-000058호
주   소 경기도 파주시 회동길 370(백산빌딩 3층)
전   화 02-914-1621(代)
팩   스 031-955-9911
이메일 edit@ibaeksan.kr
홈페이지 www.ibaeksan.kr

ISBN 979-11-6567-461-8 93590
값 15,000원